U0309290

HUIFAXING YOUJIWU ZHILI
SHIYONG SHOUCE

挥发性有机物治理

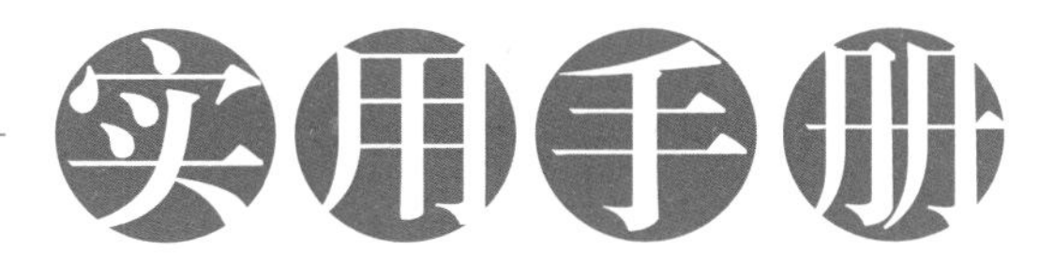

生态环境部大气环境司
编
生态环境部环境规划院

中国环境出版集团 · 北京

图书在版编目（CIP）数据

挥发性有机物治理使用手册. / 生态环境部大气环境司，生态环境部环境规划院编. -- 北京 ：中国环境出版集团，2020.7(2020.11重印)

ISBN 978-7-5111-4361-7

Ⅰ. ①挥… Ⅱ. ①生… ②生… Ⅲ. ①挥发性有机物一污染防治一手册 Ⅳ. ①X513-62

中国版本图书馆CIP数据核字(2020)第111644号

出版人 武德凯
责任编辑 孙 莉
责任校对 任 丽
装帧设计 岳 帅

出版发行 中国环境出版集团
（100062 北京市东城区广渠门内大街16号）
网 址：http://www.cesp.com.cn
电子邮箱：bjgl@cesp.com.cn
联系电话：010-67112765（编辑管理部）
发行热线：010-67125803，010-67113405（传真）
印装质量热线：010-67113404
印 刷 北京中科印刷有限公司
经 销 各地新华书店
版 次 2020年7月第1版
印 次 2020年11月第2次印刷
开 本 787×960 1/16
印 张 10.5
字 数 128千字
定 价 60.00元

《挥发性有机物治理实用手册》
编委会

前　言
Foreword

大气环境保护事关人民群众根本利益，事关全面建成小康社会，事关经济高质量发展和美丽中国建设。近年来，蓝天保卫战取得积极进展，我国的环境空气质量持续改善，2019年细颗粒物（$PM_{2.5}$）未达标地级及以上城市平均浓度为40μg/m^3，较2015年下降23.1%。但我国大气污染形势依然严峻，$PM_{2.5}$浓度仍处高位，同时臭氧（O_3）浓度快速上升，"十三五"以来全国337个地级及以上城市O_3浓度上升20.9%，以O_3为首要污染物的超标天数占总超标天数的比例达41.8%。我国大气环境保护面临$PM_{2.5}$和O_3污染双重压力，尤其是在京津冀及周边地区、长三角地区、汾渭平原等重点区域及苏皖鲁豫交界地区。

挥发性有机物（VOCs）是形成O_3及$PM_{2.5}$的重要前体物。加强VOCs治理是控制O_3和$PM_{2.5}$污染的有效途径，也是帮助企业实现节约资源、提高效益、减少安全隐患的有力手段。《大气污染防治行动计划》实施以来，我国相继出台了《"十三五"挥发性有机物污染防治工作方案》《重点行业挥发性有机物综合治理方案》《2019年地级及以上城市环境空气挥发性有机物监测方案》《2020年挥发性有机物治理攻坚方案》《关于组织开展夏季臭氧污染防治强化监督帮扶工作的通知》等系列文件，VOCs无组织排放控制、石油炼制、石油化工、制药工业等10多项排放标准，限制涂料、油墨、胶粘剂、清洗剂等VOCs含量的产品质量标准，全面加强了VOCs治理的顶层设计。但相对于颗粒物、二氧化硫、氮氧化物的污染控制，VOCs的管理基础依然薄弱，尤其是在落实层面，普遍存在认识不足、源头控制不力、无组织排放问题突出、治污设施简易低效、运行管理粗放、监测监控不到位等问题，已成为当前我国大气污染防治工作的突出短板，迫切需要进一步加强工作指导和推进。

VOCs 成分复杂，来源广泛，治理难度大，管理要求高。为配合做好 2020 年夏季（6—9 月）VOCs 治理攻坚行动，突出问题精准、时间精准、区位精准、对象精准、措施精准，加大向企业送“政策”、送“技术”、送“方案”力度，切实帮助企业解决实际困难，同时为方便从事 VOCs 污染防治管理工作人员的学习使用和提高业务能力，由生态环境部大气环境司组织，生态环境部环境规划院技术牵头，会同中国环境科学研究院、生态环境部环境工程评估中心、中国环境监测总站、北京市环境保护科学研究院、华南理工大学等单位编制了本手册。

本书第 1 部分为重点行业 VOCs 排放控制技术指南，针对石化、化工、工业涂装、包装印刷以及油品储运销 5 大领域、16 个子行业，从源头削减、过程控制、末端治理、排放限值、监测监控和台账记录 6 个方面介绍如何开展 VOCs 排放控制。第 2 部分为 VOCs 相关标准内容要点，着重解释了产品质量标准和无组织排放控制标准的要点和要求。第 3 部分为 VOCs 末端治理技术选择与运行维护要求，重点说明了治理技术适用范围、治理设施运行维护、治理设施台账记录等。第 4 部分为重点行业 VOCs 排放监测技术指南，详细介绍了监测内容、监测指标、监测频次、排污口规范化设置、手工监测、自动监测、监测记录等要求。

本手册涉及领域广、内容多、专业性强，尽管我们试图详细准确地阐述，但编者深知自己专业水平有限，认知高度和深度不够，加之时间仓促，书中难免存在疏漏之处，敬请广大读者批评指正！

目　录
Contents

1 PART 第1部分
重点行业VOCs排放控制技术指南　001

一、石化行业　002
1. 源头削减　003
2. 过程控制　004
3. 末端治理　010
4. 排放限值　012
5. 监测监控　012
6. 台账记录　013

二、化工行业　016
（一）现代煤化工行业　016
1. 源头削减　017
2. 过程控制　017
3. 末端治理　020
4. 排放限值　021
5. 监测监控　022

6. 台账记录 024
（二）制药工业 025
1. 源头削减 026
2. 过程控制 027
3. 末端治理 030
4. 排放限值 030
5. 监测监控 030
6. 台账记录 031
（三）农药工业 032
1. 源头削减 034
2. 过程控制 034
3. 末端治理 037
4. 排放限值 038
5. 监测监控 038
6. 台账记录 038
（四）焦化行业 040
1. 源头削减 040
2. 过程控制 040
3. 末端治理 043
4. 排放限值 043
5. 监测监控 044
6. 台账记录 044
（五）涂料、油墨及胶粘剂制造业 045
1. 源头削减 045
2. 过程控制 046
3. 末端治理 049

4. 排放限值　050
5. 监测监控　050
6. 台账记录　050
三、工业涂装　052
（一）汽车整车制造业　052
1. 源头削减　053
2. 过程控制　056
3. 末端治理　059
4. 排放限值　060
5. 监测监控　060
6. 台账记录　060
（二）家具制造业　061
1. 源头削减　062
2. 过程控制　065
3. 末端治理　067
4. 排放限值　068
5. 监测监控　068
6. 台账记录　068
（三）工程机械整机制造业　069
1. 源头削减　069
2. 过程控制　072
3. 末端治理　075
4. 排放限值　075
5. 监测监控　075
6. 台账记录　076

（四）其他工业涂装 076
1. 源头削减 077
2. 过程控制 077
3. 末端治理 079
4. 排放限值 080
5. 监测监控 080
6. 台账记录 080
四、包装印刷行业 082
（一）塑料包装印刷 082
1. 源头削减 082
2. 过程控制 085
3. 末端治理 087
4. 排放限值 088
5. 监测监控 089
6. 台账记录 089
（二）金属包装印刷 089
1. 源头削减 089
2. 过程控制 090
3. 末端治理 090
4. 排放限值 091
5. 监测监控 091
6. 台账记录 091
（三）纸包装印刷 091
1. 源头削减 091
2. 过程控制 092

3. 末端治理　092
4. 排放限值　094
5. 监测监控　094
6. 台账记录　094

五、油品储运销　095

（一）适用法律法规、标准及要求　095
（二）油气回收处理流程原理　095
（三）加油站　096
1. 油气回收系统的三个阶段　096
2. 加油　096
3. 卸油　097
4. 汽油密封储存　097
5. 检查维护　098
6. 油气回收系统检测　098
7. 在线监控系统　098
8. 台账记录　099
9. 非正常工况　099
（四）储油库　099
1. 发油　099
2. 装油　100
3. 油气储存　100
4. 检查维护　100
（五）油罐车　101
附件　102

2 PART

第 2 部分
VOCs 相关标准内容要点　107

一、产品质量标准以及内容要点　108

（一）标准　108

（二）内容要点　108

1.VOCs 产品标准中的 VOCs 限值含义是什么？　108

2. 使用涂料、油墨、胶粘剂、清洗剂的企业应如何判定 VOCs 限值？　109

3.《低挥发性有机化合物含量涂料产品技术要求》（GB/T 38597—2020）与其他涂料标准是什么关系　110

4. 什么是低 VOCs 油墨、胶粘剂、清洗剂？　111

5. 水性涂料、油墨，水基型胶粘剂、水基型清洗剂都是推荐企业使用的吗？　111

6. 产品的检测方法是什么？　111

二、无组织排放控制标准解释说明　112

1. 各行业 VOCs 无组织排放应执行什么标准？　112

2. 特殊情况不满足《挥发性有机物无组织排放控制标准》（GB 37822—2019）规定怎么办？　112

3. 如何理解“VOCs 物料”的概念？　113

4. 如何确定企业物料 VOCs 含量？　113

5. 水性 VOCs 物料在认定 VOCs 含量时是否需要扣水？ 114
6. 如何确定企业使用的物料是否符合国家有关低 VOCs 含量产品的规定？ 114
7.VOCs 无组织排放源执行的排放控制要求是什么？ 115
8. 如何测量局部集气罩的控制风速？ 116
9.RTO 等燃烧装置是否需要按 3% 含氧量进行折算？ 117

PART
第 3 部分
VOCs 末端治理技术选择与运行维护要求 119

一、治理技术适用范围 120
二、治理设施运行维护 126
三、治理设施台账记录 135
（一）设施运行管理信息 135
（二）非正常工况信息 137
（三）日常维护信息 138

4 PART

第4部分 重点行业VOCs排放监测技术指南 139

一、监测内容、指标、频次 140

（一）监测内容 140

（二）监测指标 140

（三）监测频次 141

1. 排污单位自行监测的频次 141

2. 监督帮扶抽查监测的频次 141

二、排污口规范化设置要求 142

（一）排污口规范化设置的通用要求 142

（二）采样位置要求 143

（三）采样平台要求 144

（四）采样平台通道要求 144

（五）采样孔要求 144

三、监测要求 146

（一）手工监测要求 146

（二）自动监测要求 147

1. 自动监测的安装等管理要求 147

2. 自动监测的关键技术要求 148

四、监测记录 149

（一）手工监测的记录要求 149

（二）自动监测的记录要求 149

第 1 部分

重点行业 VOCs 排放控制技术指南

一、石化行业

石化行业生产装置与 VOCs 排放环节见图 1-1。石油炼制典型工艺流程及主要涉 VOCs 工艺有组织源项见图 1-2。

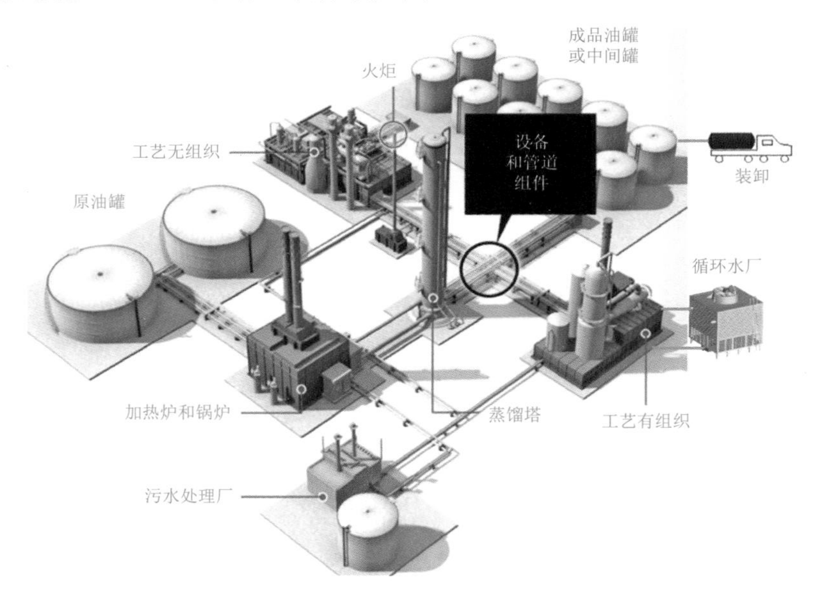

图 1-1　石化行业生产装置与 VOCs 排放环节示意

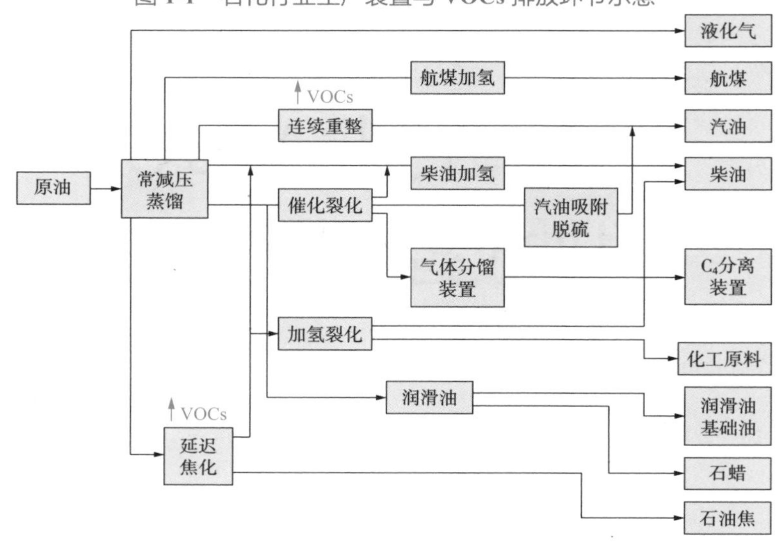

图 1-2　石油炼制典型工艺流程及主要涉 VOCs 工艺有组织源项

石油化学典型工艺流程及主要涉 VOCs 工艺有组织源项见图 1-3。

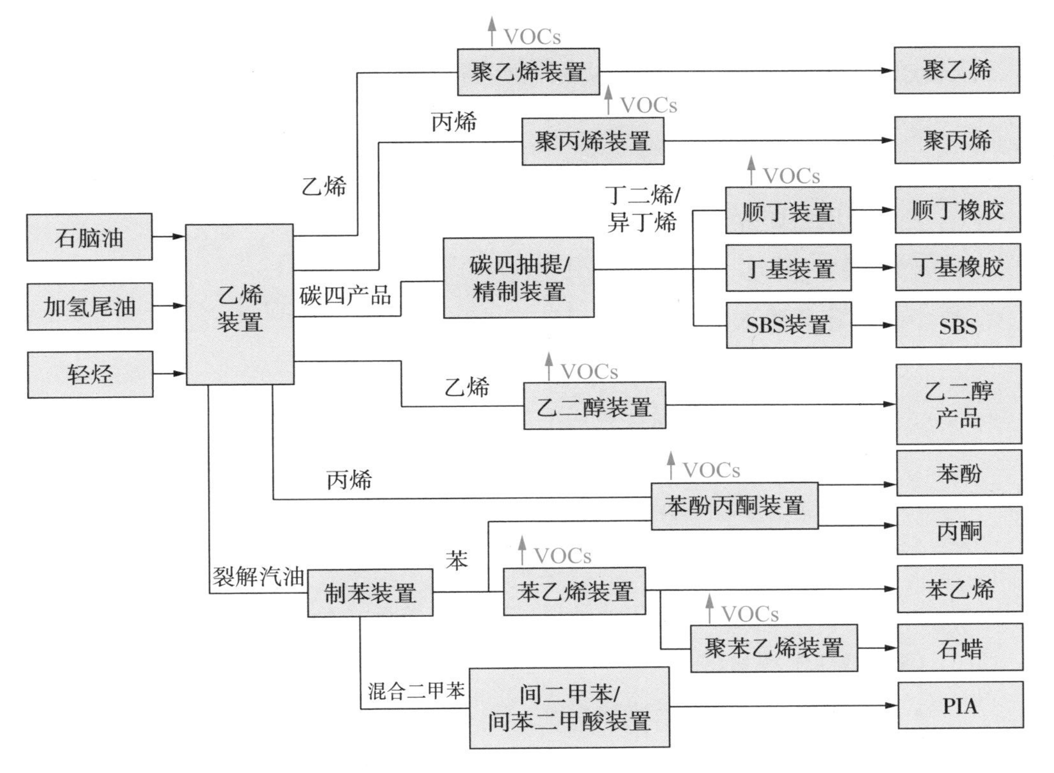

图 1-3　石油化学典型工艺流程及主要涉 VOCs 工艺有组织源项

1. 源头削减

（1）生产工艺

• 宜采用全密闭、连续化、自动化等生产技术。

（2）装置

• 采样口应采用密闭采样或等效设施。

• 企业内污染严重、服役时间长的生产装置和管道系统实施升级改造。

• 宜选用无泄漏或泄漏量小的机泵和管阀件等设备。

（3）输送

• 优先采用管道输送，减少罐车和油船装卸作业及中间罐区。

• 相近储罐之间收发挥发性有机液体，可采用气相平衡技术。

• 含溶解性油气物料（如酸性水、粗汽油、粗柴油等），在长距离、高压输送进入常压罐前，宜经过脱气罐回收释放气，避免闪蒸损失。

（4）延迟焦化

• 采用冷焦水密闭循环、焦炭塔吹扫气密闭回收等技术。

• 宜采用密闭除焦技术改造。

（5）脱水脱气

• 采用密闭脱水、脱气、掺混等工艺。

（6）防腐防水涂装

• 采用低 VOCs 含量涂料替代溶剂型涂料。

（7）污水处理厂

• 含油污水应密闭输送，安装水封等控制措施。

• 尽可能减少集水井、隔油池数量，将污水沟渠管道化。

• 集水井或无移动部件隔油池可安装浮动盖板（浮盘）。

（8）循环水冷却塔

• 宜采用密闭式循环水冷却系统。

2. 过程控制

（1）开展设备与管线组件泄漏检测与修复 (LDAR) 工作

• 企业应识别载有气态 VOCs 物料、液态 VOCs 物料的设备和管线组件的密封点，建立企业密封点档案和泄漏检测与修复计划。

• 宜建立企业密封点 LDAR 信息平台，全面分析泄漏点信息，对易泄漏环节制定针对性改进措施。

• 泵、压缩机、阀门、开口阀或开口管线、气体 / 蒸气泄压设备、取样连接系统每 3 个月检测一次。法兰及其他连接件、其他密封设备每 6 个月检测一次。

（2）储罐

• 依据储存物料的真实蒸气压选择适宜的储罐罐型。

• 罐体应保持完好，不应有漏洞、缝隙或破损。

• 固定顶罐附件开口（孔）除采样、计量、例行检查、维护和其他正常活动外，应密闭；应定期检查呼吸阀的定压是否符合设定要求。

• 浮顶罐浮顶边缘密封不应有破损，支柱、导向装置等附件穿过浮盘时，应采取密封措施。应定期检查边缘呼吸阀定压是否符合设定要求。

• 内浮顶罐浮盘与罐壁之间应采用液体镶嵌式、机械式鞋形、双封式等高效密封方式。

• 外浮顶罐浮盘与罐壁之间应采用双封式密封，且初级密封采用液体镶嵌式、机械式鞋形等高效密封方式。

• 加强人孔、清扫孔、量油孔、浮盘支腿、边缘密封、泡沫发生器等部件密封性管理，强化储罐罐体及废气收集管线的动静密封点检测与修复。

• 宜采用油品在线调和技术。

• 宜采取平衡控制进出罐流量、减少罐内气相空间等措施。

• 常见石油炼制行业储罐介质、罐型、储存温度见表 1-1。

表 1-1　常见石油炼制行业储罐介质、罐型、储存温度

序号	介质	常见罐型	常见储存温度	备注
1	原油	内浮顶罐、外浮顶罐	常温	苯、甲苯、二甲苯等采用内浮顶罐并安装顶空联通置换油气回收装置
2	汽油	内浮顶罐、外浮顶罐	常温	
3	航空汽油	内浮顶罐、外浮顶罐	常温	
4	轻石脑油	内浮顶罐、外浮顶罐	常温	
5	重石脑油	内浮顶罐、外浮顶罐	常温	
6	航空煤油	内浮顶罐、外浮顶罐	常温	
7	柴油	固定顶罐、内浮顶罐、外浮顶罐	常温	
8	烷基化油	内浮顶罐	常温	
9	抽余油	内浮顶罐	常温	
10	蜡油	固定顶罐	伴热	

序号	介质	常见罐型	常见储存温度	备注
11	渣油	固定顶罐	伴热	苯、甲苯、二甲苯等采用内浮顶罐并安装顶空联通置换油气回收装置
12	污油	固定顶罐、内浮顶罐	常温	
13	燃料油	固定顶罐、外浮顶罐	常温	
14	正己烷	内浮顶罐	常温	
15	正庚烷	固定顶罐、内浮顶罐	常温	
16	正壬烷	固定顶罐	常温	
17	正癸烷	固定顶罐	常温	
18	MTBE	内浮顶罐	常温	
19	丙酮	内浮顶罐	常温	
20	苯	内浮顶罐	常温	
21	甲苯	内浮顶罐	常温	
22	间二甲苯	内浮顶罐	常温	
23	邻二甲苯	内浮顶罐	常温	
24	对二甲苯	内浮顶罐	常温	
25	甲酸甲酯	压力罐	常温	
26	乙醇	内浮顶罐	常温	
27	甲醇	内浮顶罐	常温	
28	正丁醇	固定顶罐、内浮顶罐	常温	
29	环己醇	固定顶罐、内浮顶罐	必须高于 25.9℃	
30	乙二醇	固定顶罐	常温	
31	丙三醇	固定顶罐	必须高于 20℃	
32	二乙苯	内浮顶罐	常温	
33	苯酚	固定顶罐	必须高于 43℃	
34	苯乙烯	固定顶罐	常温	
35	醋酸	固定顶罐	必须高于 16℃	
36	正丁酸	固定顶罐	常温	

序号	介质	常见罐型	常见储存温度	备注
37	丙烯酸	固定顶罐	必须高于 14℃	苯、甲苯、二甲苯等采用内浮顶罐并安装顶空联通置换油气回收装置
38	丙烯腈	内浮顶罐	常温	
39	醋酸乙烯	内浮顶罐	常温	
40	乙酸乙酯	内浮顶罐	常温	
41	乙二胺	固定顶罐	必须高于 9℃	
42	三乙胺	内浮顶罐	常温	
43	丙苯	固定顶罐	常温	
44	乙苯	固定顶罐	常温	
45	正丙苯	固定顶罐	常温	
46	异丙苯	固定顶罐	常温	
47	1- 辛醇	固定顶罐	常温	
48	甲基丙烯酸甲酯	固定顶罐	常温	
49	间二氯苯	固定顶罐	常温	
50	正丙醇	固定顶罐	常温	
51	异丙醇	内浮顶罐	常温	
52	异丁醇	固定顶罐	常温	
53	异辛烷	内浮顶罐	常温	
54	乙酸丁酯	固定顶罐	常温	
55	四氯乙烯	固定顶罐	常温	
56	糠醛	固定顶罐	常温	
57	甲酸	内浮顶罐	常温	
58	甲基异丁基酮	固定顶罐	常温	
59	环己酮	固定顶罐	常温	
60	癸醇	固定顶罐	必须高于 6℃	
61	二乙二醇	固定顶罐	常温	
62	醋酸正丙酯	固定顶罐	常温	

序号	介质	常见罐型	常见储存温度	备注
63	醋酸仲丁酯	固定顶罐	常温	苯、甲苯、二甲苯等采用内浮顶罐并安装顶空联通置换油气回收装置
64	DMF	固定顶罐	常温	
65	甲乙酮	内浮顶罐	常温	
66	苯胺	固定顶罐	常温	
67	煤焦油	固定顶罐	常温	

（3）装卸

• 宜采用快速干式接头。

• 严禁喷溅式装载，采用顶部浸没式装载或底部装载。顶部浸没式装载出油口距离罐底高度应小于 200mm。

• 应密闭装油并将油气收集、输送至回收处理装置。

喷溅式装载、顶部浸没式装载、底部装载见图 1-4 ～图 1-6。

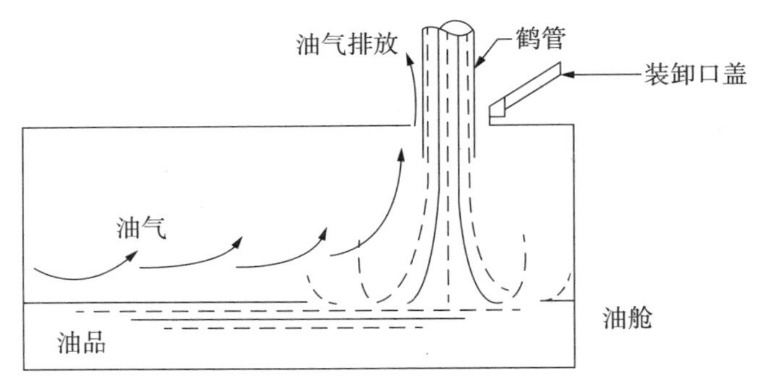

图 1-4　喷溅式装载

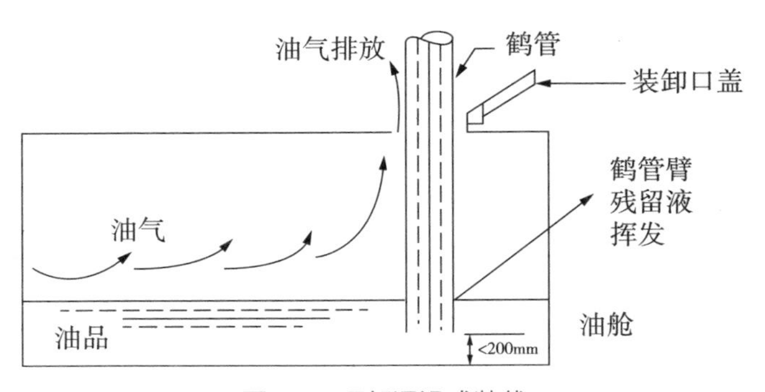

图 1-5　顶部浸没式装载

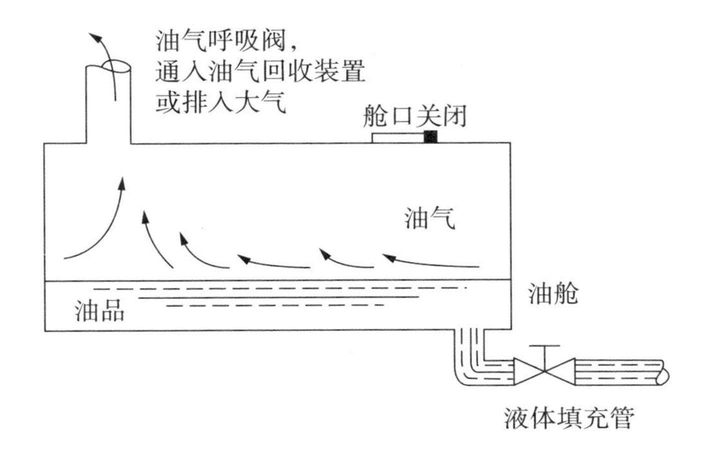

图 1-6　底部装载

（4）催化重整

• 优化调整催化剂再生温度、供风量等。

（5）污水集输与处理

• 集水井（池）、调节池、隔油池、气浮池、曝气池、浓缩池等污水处理池应采用密闭收集措施，密闭材料应具有防腐性能，密闭盖板应接近液面，负压收集、回收或处理。

• 优化气浮池运行，严格控制气浮池出水中的浮油含量。

（6）循环水冷却塔

• 对于开式循环水，每 6 个月至少开展一次循环水塔和含 VOCs 物料换热设备进出口总有机碳（TOC）或可吹扫有机碳（POC）监测工作，出口浓度大于进口浓度 10% 的，要溯源泄漏点并及时修复。

（7）火炬

• 在任何时候，挥发性有机物和恶臭物质进入火炬都应能点燃并充分燃烧。

• 禁止熄灭火炬系统长明灯。

• 设置视频监控装置。

（8）非正常工况

• 制定开停车、检维修、生产异常等非正常工况的操作规程和污染控制措施。

• 装置检维修过程管理宜数字化，计量吹扫气量、温度、压力等参数；宜通过辅助管道和设备等建立蒸罐、清洗、吹扫产物密闭排放管网。选用适宜的清洗和吹扫介质。检修过程产生的物料分类进入瓦斯管网和火炬系统，以及带有废气处理装置的污油罐、酸性水罐和污水处理厂。

• 做好检维修记录，并及时向社会公开非正常工况相关环境信息，接受社会监督。

• 非计划性操作应严格控制污染，杜绝事故性排放，事后应及时评估并向生态环境主管部门报告。

3. 末端治理

（1）储罐

• 储存真实蒸气压≥ 5.2 kPa 但＜ 27.6 kPa 的设计容积≥ 150 m^3 的挥发性有机液体储罐，以及储存真实蒸气压≥ 27.6 kPa 但＜ 76.6 kPa 的设计容积≥ 75 m^3 的挥发性有机液体储罐，若采用固定顶罐，应安装密闭排气系统至有机废气回收或处理装置。

• 采用吸收、吸附、冷凝、膜分离等 A 类回收组合技术以及与蓄热式燃烧、蓄热式催化燃烧、催化燃烧等 B 类破坏技术的组合技术，如 A+A、A+A+A、A+B、A+A+B 等。

（2）装卸

• 可采用吸收、吸附、冷凝、膜分离等 A 类回收组合技术以及与蓄热式燃烧、蓄热式催化燃烧、催化燃烧等 B 类破坏技术的组合技术，如 A+A、A+A+A、A+B、A+A+B 等。

• 甲醇、乙醇、环氧丙烷等易溶于水的化学品装载作业排气，宜采用水吸收或吸收 + 催化燃烧处理。

（3）废水液面

• 隔油池、气浮池等高浓度废气宜采用催化燃烧、焚烧等处理技术，不应采用低温等离子、UV 光解等单一低效处理技术。

• 曝气池等低浓度废气可采用生物法、吸附、焚烧等处理技术。

（4）工艺有组织

• 重整催化剂再生烟气、离子液法烷基化装置催化剂再生烟气脱氯后可采用焚烧、催化燃烧等处理技术。

• 氧化脱硫醇尾气可进克劳斯尾气焚烧炉处理，或采用低温柴油吸收等处理技术。

• 氧化沥青尾气宜采用焚烧等处理技术。

• 乙二醇 / 环氧乙烷装置乙二醇 / 环氧乙烷反应系统循环气应进行焚烧处理。

• 苯乙烯装置多乙苯塔尾气和真空泵密封罐尾气做加热炉燃料。

• 聚苯乙烯装置密封液罐尾气宜通过控制冷凝温度、设置除雾器回收液滴等措施降低不凝气污染物浓度。

• 苯酚丙酮装置多异丙苯，塔顶尾气和氧化反应器尾气应送至尾气焚烧炉或催化燃烧处理，其他含有烃类的废气应进入火炬系统。

• 聚乙烯、聚丙烯装置尾气宜采用催化燃烧、焚烧等技术。

• 氯乙烯装置工艺尾气宜采用高温焚烧处理，焚烧烟气进行吸收处理。

• 精对苯二甲酸 PTA 生产尾气宜采用高压催化燃烧等处理技术。

• 丙烯腈生产尾气宜采用焚烧、催化燃烧等处理技术。

• 橡胶生产尾气宜采用预处理（冷凝、除雾、过滤、洗涤等）+ 催化燃烧、蓄热式催化燃烧等处理技术。

• 环氧丙烷 / 苯乙烯生产尾气宜采用催化燃烧等处理技术。

• 苯胺生产废气宜采用预处理（冷却和除雾）+ 催化燃烧等处理技术。

• 氯苯生产废气宜采用蓄热燃烧 + 碱洗 + 吸附等处理技术。

（5）固体废物堆场

• 废催化剂、废吸附剂、废树脂、蒸馏残液等危险废物贮存间废气应收集，可采用活性炭吸附等处理技术进行处理。

（6）非正常工况

• 装置检维修过程选用适宜的清洗剂和吹扫介质；清扫气应接入有机废气回收或处理装置，可采用冷凝、吸附、吸收、催化燃烧等处理技术。

• 在难以建立密闭蒸罐、清洗、吹扫产物密闭排放管网的情况下，采用移动式设备处理检修过程排放的废气。

• 生产设备在非正常工况下通过安全阀排出的含挥发性有机物废气应接入有机废气回收或处理装置。

4. 排放限值

• 车间或生产设施排气筒排放的含 VOCs 废气和厂界 VOCs 无组织排放控制要求应符合《石油炼制工业污染物排放标准》（GB 31570—2015）、《石油化学工业污染物排放标准》（GB 31571—2015）和《合成树脂工业污染物排放标准》（GB 31572—2015）控制要求，有更严格地方标准的，执行地方标准。

5. 监测监控

• 严格执行《排污许可证申请与核发技术规范　石化工业》（HJ 853—2017）、《排污单位自行监测技术指南　石油炼制工业》（HJ 880—2017）和《排污单位自行监测技术指南　石油化学工业》（HJ 947—2018）规定的自行监测管理要求。

• 纳入重点排污单位名录的石化企业，主要排污口应安装自动监控设施，并与地方生态环境部门联网。

• 自动监控等数据至少要保存一年，视频监控数据至少保存 3 个月。

• 鼓励重点区域对无组织排放突出的企业，在主要排放工序安装视频监控设施。

• 鼓励企业配备便携式 VOCs 检测仪和红外气体成像仪（OGI），及时了解掌握排污状况。

• 具备条件的企业，通过分布式控制系统（DCS）等，自动连续记录环保设施运行及相关生产过程主要参数。DCS 监控等数据至少要保存一年。

• 石化企业 VOCs 监测指标及频次要求见表 1-2。

表 1-2　石化企业 VOCs 监测指标及频次要求

源项类型	源项	指标	监测频次
有组织排放	重整催化剂再生烟气排气筒	非甲烷总烃	月
	离子液法烷基化装置催化剂再生烟气排气筒	非甲烷总烃	
	有机废气回收处理装置入口及其排放口	非甲烷总烃处理效率	
	废水处理有机废气收集处理装置排气筒	非甲烷总烃	
		苯、甲苯、二甲苯（石油炼制）	季度
		废气有机特征污染物（石油化学工业）	半年
	含卤代烃有机废气排气筒、其他有机废气排气筒、合成树脂生产设施车间排气筒、合成树脂废水、废气焚烧设施排气筒	非甲烷总烃	月
		废气有机特征污染物或其他废气污染物	半年
无组织排放	企业边界	非甲烷总烃、苯、甲苯、二甲苯	季度
	泵、压缩机、阀门、开口阀或开口管线、气体 / 蒸气泄压设备、取样连接系统	VOCs	季度
	法兰及其他连接件、其他密封设备	VOCs	半年

6. 台账记录

环境管理台账一般按日或按批次记录，异常情况应按次记录。

（1）生产基本信息

• 生产装置名称、主要工艺名称、生产设施名称、设施参数、原料名称、产品名称、加工 / 生产能力、年运行时间、运行负荷以及原料、辅料、燃料使用量及产品产量等。

（2）泄漏检测与修复

• 生产装置名称、密封点类型、密封点编号或位置、检测时间、检测初值、背景值、净检测值、介质、检测人等设备与管线组件密封点挥发性有机物泄漏检测记录表。

• 是否修复、是否延迟修复、修复时间、修复手段、修复后检测初值、修复后背景值、修复后净检测值、介质、修复后检测人等设备与管线组件密封点挥发性有机物泄漏修复记录表。

（3）储罐

• 罐型、公称容积、内径、罐体高度、浮盘密封设施状态、储存物料名称、物料储存温度和年周转量等，以及储罐维护、保养、检查等运行管理情况、储罐废气治理台账。

（4）装载

• 装载物料名称、设计年装载量、装载温度、装载形式（火车 / 汽车 / 轮船 / 驳船）、实际装载量等，以及装载废气治理台账。

（5）火炬

• 连续监测、记录引燃设施和火炬的工作状态（火炬气流量、组成及热值、火种气流量）。

（6）循环水冷却系统

• 服务装置范围、冷却塔类型、循环水流量、运行时间、冷却水排放量、监测时间、监测浓度等。

（7）废水集输、储存与处理系统

• 废水量、废水集输方式（密闭管道、沟渠）、废水处理设施密闭情况、敞开液面上方 VOCs 检测浓度等。

（8）治理设施运行信息

• 按照设施类别分别记录设施的实际运行相关参数和维护记录。具体参考第 3 部分中的“三、治理设施台账记录”要求。

（9）非正常工况

• 生产装置和污染治理设施非正常工况应记录起止时间、污染物排放情况（排放浓度、排放量）、异常原因、应对措施、是否向地方生态环境主管部门报告、检查人、检查日期及处理班次等。

二、化工行业

（一）现代煤化工行业

现代煤化工行业生产工艺与 VOCs 排放环节见图 1-7，现代煤化工行业生产装置与 VOCs 排放环节见图 1-8。

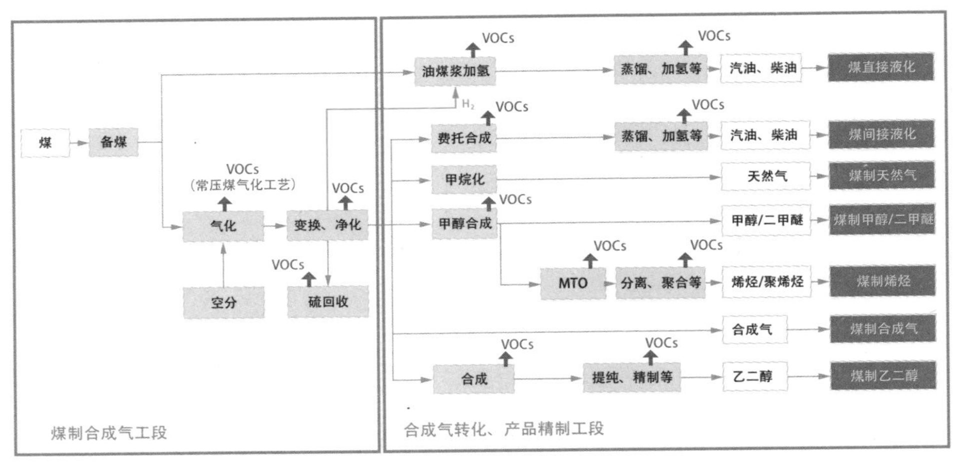

图 1-7　现代煤化工行业生产工艺与 VOCs 排放环节示意

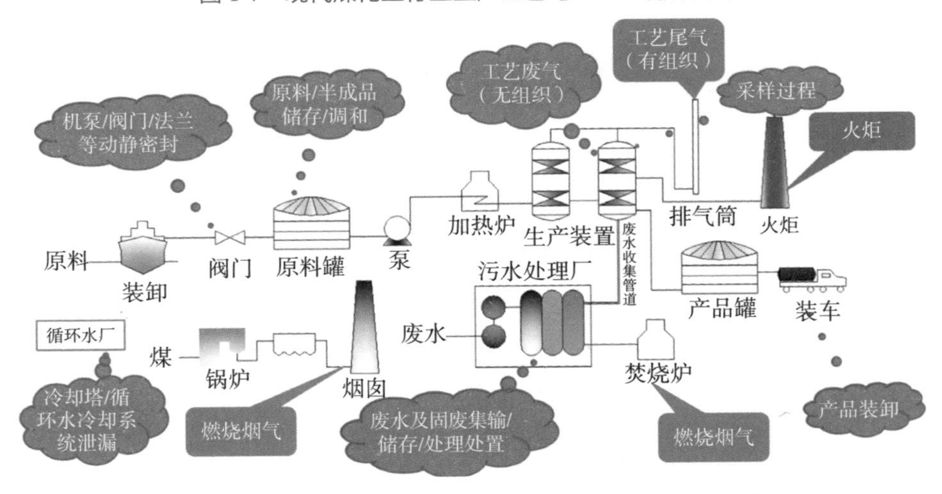

图 1-8　现代煤化工行业生产装置与 VOCs 排放环节示意

1. 源头削减

（1）原料性质稳定性

• 原料煤性质定期检测，宜设置配煤环节，保证原料煤性质稳定。

（2）生产工艺

• 采用全密闭、连续化、自动化等生产技术，以及高效工艺与设备装置。

（3）装置

• 采样口应采用密闭采样或等效设施。

• 实施企业内污染严重、服役时间长的生产装置和管道系统应升级改造。

• 宜选用无泄漏或泄漏量小的机泵和管阀件等设备。

（4）输送

• 液体产品优先采用管道输送，减少罐车、火车装卸作业。

• 相近储罐之间收发挥发性有机液体，可采用气相平衡技术。

• 含溶解性油气、硫化氢、氨的物料，在长距离、高压输送进入常压罐前，宜经过脱气罐回收释放气，避免闪蒸损失。

（5）脱水脱气

• 采用密闭脱水、脱气、掺混等工艺。

（6）防腐防水涂装

• 采用低 VOCs 含量涂料替代溶剂型涂料。

（7）污水集输、储存与处理

• 含油污水应密闭输送，安装水封等控制措施。

• 尽可能减少集水井、隔油池数量，将污水沟渠管道化。

• 集水井或无移动部件隔油池可安装浮动顶盖或固定顶盖。

（8）循环水凉水塔

• 宜采用密闭式循环水冷却系统。

2. 过程控制

（1）开展设备与管阀件泄漏检测与修复 (LDAR) 工作

• 企业应识别载有气态 VOCs 物料、液态 VOCs 物料的设备和管线组件的密封点，建立企业密封点档案和泄漏检测与修复计划。

• 载有气态 VOCs 物料、液态 VOCs 物料的设备与管线组件的密封点≥ 2 000 个时，应开展泄漏检测与修复工作。

• 泵、压缩机、搅拌器、阀门、开口阀或开口管线、泄压设备、取样连接系统每 6 个月检测一次。法兰及其他连接件、其他密封设备每 12 个月检测一次。除列入延迟修复的密封点外，泄漏点应在 15 天内完成修复。

（2）储罐

• 依据储存物料的真实蒸气压选择适宜的储罐罐型。

• 罐体应保持完好，不应有漏洞、缝隙或破损。

• 固定顶罐附件开口（孔）除采样、计量、例行检查、维护和其他正常活动外，应密闭；应定期检查呼吸阀的定压是否符合设定要求。

• 浮顶罐浮顶边缘密封不应有破损，支柱、导向装置等附件穿过浮盘时，应采取密封措施。应定期检查边缘呼吸阀定压是否符合设定要求。

• 内浮顶罐浮盘与罐壁之间应采用液体镶嵌式、机械式鞋形、双封式等高效密封方式。

• 外浮顶罐浮盘与罐壁之间应采用双封式密封，且初级密封采用液体镶嵌式、机械式鞋形等高效密封方式。

• 加强人孔、清扫孔、量油孔、浮盘支腿、边缘密封、泡沫发生器等部件的密封性管理，强化储罐罐体及废气收集管线的动静密封点检测与修复。

• 宜采用油品在线调和技术。

• 宜采取平衡控制进出罐流量、减少罐内气相空间等措施。

• 常见储存物质及罐型参照石化行业规定执行。

（3）装卸

• 严禁喷溅式装载，采用顶部浸没式装载或液下装载。顶部浸没式装载出油口距离罐底高度应小于 200mm。

• 应密闭装油并将油气收集、输送至回收处理装置。

• 宜采用快速干式接头。

（4）污水处理

• 采用密闭管道输送，接入口和排出口采取与环境空气隔离的措施；采用沟渠输送，敞开液面上方 100 mm 处 VOCs 检测浓度≥ 200 μmol/mol（重点地区≥ 100 μmol/mol）时，应加盖密闭，接入口和排出口采取与环境空气隔离的措施。

• 含 VOCs 废水储存和处理设施敞开液面上方 100 mm 处 VOCs 检测浓度 > 200 μmol/mol（重点地区 > 100 μmol/mol）的应采用浮动顶盖，或采用固定顶盖，收集废气至 VOCs 废气收集处理系统。顶盖应具有防腐性能，密闭盖板应接近液面，负压收集。

• 优化气浮池运行，严格控制气浮池出水中的浮油含量。

（5）循环水凉水塔

• 对开式循环水系统，每 6 个月至少开展一次循环水塔和含 VOCs 物料换热设备进出口总有机碳（TOC）或可吹扫有机碳（POC）监测工作，出口浓度大于进口浓度 10% 的，要溯源泄漏点并及时修复。

（6）火炬

• 在任何时候，挥发性有机物和恶臭物质进入火炬时都应能点燃并充分燃烧。

• 禁止熄灭火炬系统长明灯。

• 设置视频监控装置。

（7）非正常工况

• 制定开停车、检维修、生产异常等非正常工况的操作规程和污染控制措施。

• 退料、吹扫、清洗等过程应加强含 VOCs 物料回收工作，产生的 VOCs 废气要加大收集处理力度。

• 开车阶段产生的易挥发性不合格产品应收集至中间储罐等装置。

• 做好检维修记录，并及时向社会公开非正常工况相关环境信息，接受社会监督。

• 非计划性操作应严格控制污染，杜绝事故性排放，事后应及时评估并向生态环境主管部门报告。

• 事故工况开展事后评估并及时向生态环境主管部门报告。

（8）工艺无组织

• 采用固定床常压间接煤气化工艺的，造气废水沉淀池等密闭收集处理，造气循环水集输、储存、处理系统应封闭，收集的废气送至三废炉或其他设施处理。吹风气、弛放气应全部收集利用。

3. 末端治理

（1）储罐

• 真实蒸气压≥ 27.6 kPa 但＜ 76.6 kPa 且储罐容积≥ 75 m^3 的挥发性有机液体储罐，以及储存真实蒸气压≥ 5.2kPa 但＜ 27.6kPa 且储罐容积≥ 150m^3 的挥发性有机液体储罐，若采用固定顶罐，排放的废气应收集处理。

• 采用吸收、吸附、冷凝、膜分离等 A 类回收组合技术以及与蓄热式燃烧、蓄热式催化燃烧、催化燃烧等 B 类破坏技术的组合技术，如 A+A、A+A+A、A+B、A+A+B 等。

（2）装卸

• 采用吸收、吸附、冷凝、膜分离等 A 类回收组合技术以及与蓄热式燃烧、蓄热式催化燃烧、催化燃烧等 B 类破坏技术的组合技术，如 A+A、A+A+A、A+B、A+A+B 等。

• 甲醇、乙二醇等易溶于水的化学品装载作业排气，宜采用水吸收或吸收 + 氧化燃烧处理。

（3）废水液面

• 隔油池、气浮池等高浓度废气宜采用催化燃烧、焚烧等处理技术。不应采用低温等离子、UV 光解等单一低效处理技术。

• 曝气池等低浓度废气可采用生物法、吸附、焚烧等处理技术。

（4）工艺有组织

• 重整催化剂再生烟气脱氯后可采用焚烧、催化燃烧等处理技术。

• 固定床常压气化工艺造气废水沉淀池废气可采用焚烧处理技术。

• 低温甲醇洗二氧化碳放空尾气可采用水洗或热氧化（碎煤加压气化）处理技术。

• 用低温甲醇洗来的高浓度二氧化碳废气，作为载气输送煤粉的干煤粉气流床气化装置的粉煤仓过滤器尾气可采用水洗的处理技术去除尾气中的甲醇。

• 乙二醇合成装置亚硝酸甲酯回收塔尾气可采用吸收法处理技术。

• 乙二醇合成装置尾气可采用吸收、热氧化等处理技术。

• 煤间接液化油品合成装置尾气可采用热氧化处理技术。

• 酸性水汽提装置含硫污水储罐尾气收集后可采用吸附、吸收或进克劳斯尾气焚烧炉处理的技术。

• 煤直接液化油渣成型装置尾气可采用吸收处理技术。

（5）非正常工况

• 开停工过程中应优化停工退料工序，合理使用各类资源、能源，减少各类废物的产生和排放。

• 生产装置吹扫过程应优先采用密闭吹扫工艺，以最大限度回收物料，减少排放；选用适宜的清洗剂和吹扫介质，扫气应接入有机废气回收或处理装置，可采用冷凝、吸附、吸收、催化燃烧等处理技术。

• 在难以建立密闭蒸罐、清洗、吹扫产物密闭排放管网的情况下，采用移动式设备处理检修过程排放废气。

• 生产设备在非正常工况下通过安全阀排出的含挥发性有机物废气应接入有机废气回收或处理装置。

4. 排放限值

• 车间或生产设施排气筒排放的含 VOCs 废气和厂界 VOCs 无组织排放控制要求应符合《挥发性有机物无组织排放控制标准》（GB 37822—

2019)、《大气污染物综合排放标准》(GB 16297—1996)的要求，待相关行业排放标准发布后执行相应规定，国家、地方管理文件或环境影响评价批复文件中对排污单位废气排放有明确要求的，从严确定要求。

5. 监测监控

• 严格执行《排污许可证申请与核发技术规范 煤炭加工—合成气和液体燃料生产》(HJ 1101—2020)、《排污单位自行监测技术指南 总则》(HJ 819—2017)规定的自行监测管理要求。

• 纳入重点排污单位名录的现代煤化工企业，主要排污口安装自动监控设施。

• 鼓励重点区域对无组织排放突出的企业，在主要排放工序安装视频监控设施。

• 鼓励企业配备便携式 VOCs 检测仪和红外气体成像仪（OGI），及时了解掌握排污状况。

• 具备条件的企业，应通过分布式控制系统（DCS）等，自动连续记录环保设施运行及相关生产过程主要参数。

• 现代煤化工企业 VOCs 有组织、无组织排放监测指标及频次要求见表 1-3、表 1-4。监测记录保存时间应不少于 3 年。

表 1-3 现代煤化工行业 VOCs 有组织排放监测指标及频次要求

有组织监测点位		有组织监测项目	有组织监测频次
固定床常压煤气化	造气废水沉淀池废气收集处理设施排气筒	非甲烷总烃	季度
干煤粉气流床气化	粉煤仓过滤器	甲醇[①]	半年
酸性气体脱除	尾气洗涤塔	甲醇、非甲烷总烃	半年
	蓄热式氧化炉	非甲烷总烃	季度

有组织监测点位		有组织监测项目	有组织监测频次
乙二醇合成	亚硝酸甲酯回收塔	甲醇、非甲烷总烃	半年
	尾气洗涤塔	甲醇、乙二醇②	半年
	尾气氧化炉	非甲烷总烃	半年
油品合成	尾气脱碳再生气分离器	非甲烷总烃	半年
	尾气氧化炉	非甲烷总烃	半年
含硫污水汽提	含硫污水储罐	非甲烷总烃	半年
油渣成型	尾气油洗塔	非甲烷总烃	半年
储运系统	液体化学品储罐	非甲烷总烃、甲醇、乙二醇②	半年
	液体化学品装卸站台（汽车 / 火车 / 码头）	非甲烷总烃、甲醇、乙二醇②	半年
给排水系统	污水处理厂	非甲烷总烃	季度

注：①用低温甲醇洗来的高浓度二氧化碳废气作为载气时，监测该项目。

②有涉乙二醇物料的排污单位监测该项目，待国家污染物监测方法标准发布后实施。

表 1-4　现代煤化工行业 VOCs 无组织排放监测指标及频次要求

无组织监测点位	无组织监测项目	无组织监测频次
企业边界	非甲烷总烃、甲醇①	季度
泵、压缩机、搅拌器（机）、阀门、开口阀或开口管线、泄压设备、取样连接系统	挥发性有机物②	半年
法兰、其他连接件及其他密封设备	挥发性有机物②	年

注：①有涉甲醇物料的排污单位监测该项目。

② GB 37822—2019 中规定的现有排污单位 2020 年 7 月 1 日后开展监测。

6. 台账记录

环境管理台账一般按日或按批次记录，异常情况应按次记录。记录应保存 3 年以上。

（1）生产信息

• 生产装置名称、主要工艺名称、生产设施名称、设施参数、原料名称、产品名称、加工 / 生产能力、年运行时间、运行负荷以及原料、辅料、燃料使用量及产品产量等。

（2）泄漏检测与修复

• 生产装置名称、密封点类型、密封点编号或位置、检测时间、检测初值、背景值、净检测值、介质、检测人等设备与管线组件密封点挥发性有机物泄漏检测记录表。

• 是否修复、是否延迟修复、修复时间、修复手段、修复后检测初值、修复后背景值、修复后净检测值、介质、修复后检测人等设备与管线组件密封点挥发性有机物泄漏修复记录表。

（3）储罐

• 罐型、公称容积、内径、罐体高度、浮盘密封设施状态、储存物料名称、物料储存温度和年周转量等，以及储罐维护、保养、检查等运行管理情况、储罐废气治理台账。

（4）装载

• 装载物料名称、设计年装载量、装载温度和装载形式（火车 / 汽车 / 轮船 / 驳船）、实际装载量等，以及装载废气治理台账。

（5）火炬

• 连续监测、记录引燃设施和火炬的工作状态（火炬气流量、火炬头温度、火种气流量、火种温度等）。

（6）循环水冷却系统

• 服务装置范围、冷却塔类型、循环水流量、运行时间、冷却水排放量、监测时间、监测浓度等。

（7）废水集输、储存与处理系统

• 废水量、废水集输方式（密闭管道、沟渠）、废水处理设施密闭情况、敞开液面上方 VOCs 检测浓度等。

（8）治理设施运行信息

• 按照设施类别分别记录设施的实际运行相关参数和维护记录。具体参考第 3 部分中的“三、治理设施台账记录”要求。

（9）非正常工况

• 记录气化炉周期性开停车的起止时间、情形描述、处理措施和污染物排放情况。

• 其他装置计划内检修和非计划启停，应记录起止时间、污染物排放情况（排放浓度、排放量）、异常原因、应对措施等。

（二）制药工业

发酵制药生产工艺与 VOCs 排放环节、化学合成制药生产工艺与 VOCs 排放环节、提取制药生产工艺与 VOCs 排放环节见图 1-9 ～图 1-11。

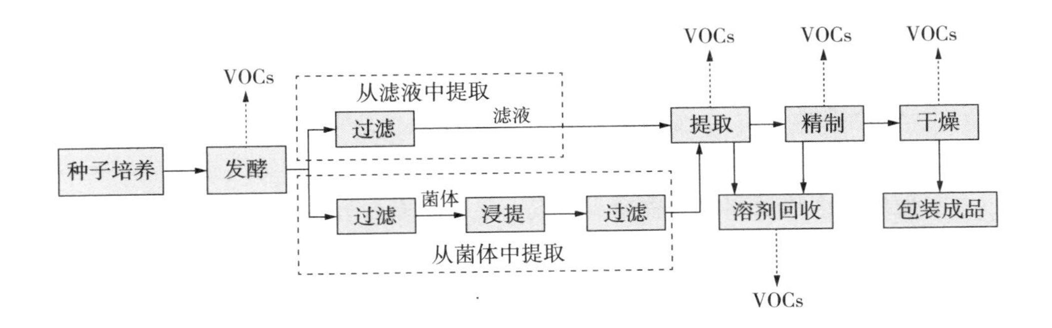

图 1-9　发酵制药生产工艺与 VOCs 排放环节示意

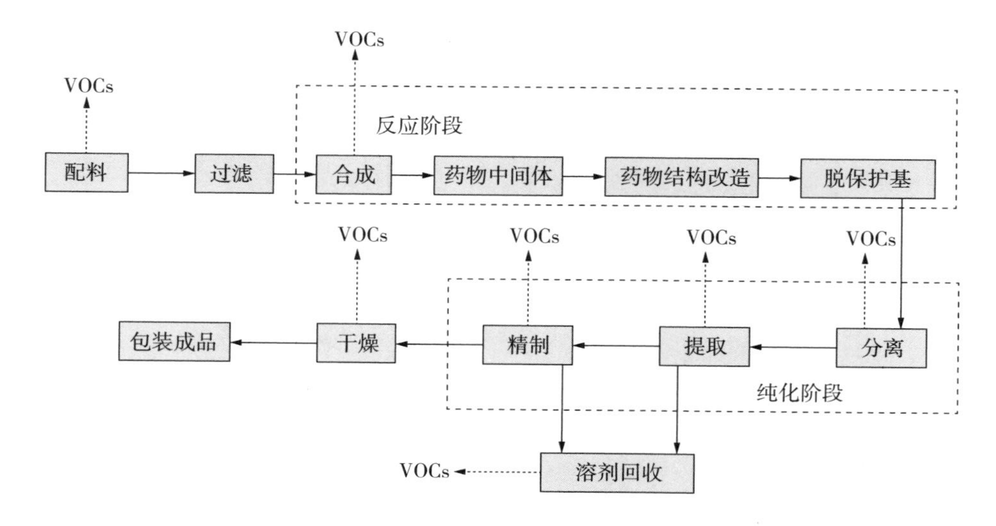

图 1-10　化学合成制药生产工艺与 VOCs 排放环节示意

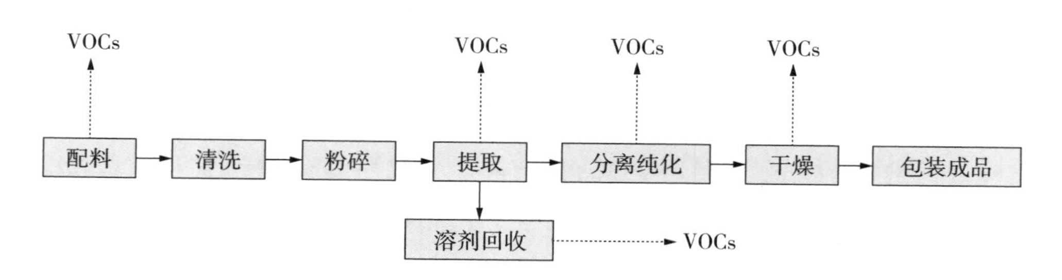

图 1-11　提取制药生产工艺与 VOCs 排放环节示意

1. 源头削减

（1）生产工艺

• 使用非卤代烃和非芳香烃类溶剂，生产水基、乳液、颗粒产品。

• 采用生物酶法合成技术。

• 使用低（无）VOCs 含量或低反应活性的溶剂。

（2）生产设备

• 反应釜：常压带温反应釜上配备冷凝或深冷回流装置回收，减少反应过程中挥发性有机物料的损耗，不凝性废气有效收集至 VOCs 废气处理系统。

• 固液分离设备：采用全自动密闭离心机、下卸料式密闭离心机、吊袋式离心机、多功能一体式压滤机、高效板式密闭压滤机、隔膜式压滤机、全密闭压滤罐等；因产品物料属性等原因造成无法采用上述固液分离设备时，对相关生产区域进行密闭隔离，采用负压排气将无组织废气收集至 VOCs 废气处理系统。

2. 过程控制

（1）储存

• 依据储存物料的真实蒸气压选择适宜的储罐罐型。

• 苯、甲苯、二甲苯宜采用内浮顶罐并安装顶空联通置换油气回收装置。

• 盛装 VOCs 物料的容器或包装袋应存放于室内，或存放于设置有雨棚、遮阳和防渗设施的专用场地，在非取用状态时应加盖、封口，保持密闭。

• 含 VOCs 废料（渣、液）以及 VOCs 物料废包装物等危险废物密封储存于密闭的危险废物储存间。

（2）输送

• 液态 VOCs 物料应采用密闭管道输送；采用非管道输送方式转移液态 VOCs 物料时，应采用密闭容器、罐车。

• 粉状、粒状 VOCs 物料应采用气力输送设备、管状带式输送机、螺旋输送机等密闭输送方式，或采用密闭的包装袋、容器或罐车进行物料转移。

（3）投料

• 易产生 VOCs 的固体物料采用固体粉料自动投料系统、螺旋推进式投料系统等密闭投料装置，若难以实现密闭投料的，将投料口密闭隔离，采用负压排气将投料尾气有效收集至 VOCs 废气处理系统。

• 宜采用无泄漏泵或高位槽（计量槽）投加，替代真空抽料，进料方式采用底部给料或使用浸入管给料，顶部添加液体采用导管贴壁给料。

• 重点地区采用高位槽 / 中间罐投加物料时，配置蒸汽平衡管，使投料尾气形成闭路循环，消除投料过程无组织排放，若难以实现的，将投料尾气有效收集至 VOCs 废气处理系统。非重点地区可参照执行。

• 反应釜投料所产生的置换尾气（放空尾气）有效收集至 VOCs 废气处理系统。

（4）取样

• 采用密闭取样器取样，避免敞口取样。

（5）蒸馏 / 精馏

• 溶剂在蒸馏 / 精馏过程中采用多级梯度冷凝方式，冷凝器优先采用螺旋绕管式或板式冷凝器等高效换热设备，并有足够的换热面积和热交换时间。

• 对于常压蒸馏 / 精馏釜，冷凝后不凝气和冷凝液接收罐放空尾气排至 VOCs 废气收集处理系统；对于减压蒸馏 / 精馏釜，真空泵尾气和冷凝液接收罐放空尾气排至 VOCs 废气收集处理系统。

• 蒸馏 / 精馏釜出渣（蒸馏 / 精馏残渣）产生的废气排至 VOCs 废气收集处理系统，蒸馏 / 精馏釜清洗产生的废液采用管道密闭收集并输送至废水集输系统或密闭废液储槽，储槽放空尾气密闭收集。

（6）母液收集

• 分离精制后的 VOCs 母液密闭收集，母液储槽（罐）产生的废气排至 VOCs 废气收集处理系统。

（7）干燥

• 采用耙式干燥、单锥干燥、双锥干燥、真空烘箱等先进干燥设备，干燥过程中产生的真空尾气优先冷凝回收物料，不凝气排至 VOCs 废气收集处理系统。

• 采用箱式干燥机时，则对相关生产区域进行密闭隔离，采用负压排气将无组织废气排至 VOCs 废气收集处理系统。

• 采用喷雾干燥、气流干燥机等常压干燥时，干燥过程中产生的无组织废气排至 VOCs 废气收集处理系统。

（8）真空设备

• 真空系统采用干式真空泵，真空排气排至 VOCs 废气收集处理系统；若使用液环（水环）真空泵、水（水蒸气）喷射真空泵等，工作介质的循环槽（罐）密闭，真空排气、循环槽（罐）排气排至 VOCs 废气收集处理系统。

（9）设备组件

• 载有气态 VOCs 物料、液态 VOCs 物料的设备与管线组件的密封点≥ 2 000 个时，开展 LDAR 工作。

• 泵、压缩机、搅拌器（机）、阀门、开口阀或开口管线、泄压设备、取样连接系统至少每 6 个月检测一次。

• 法兰及其他连接件、其他密封设备至少每 12 个月检测一次。

• 对不可达密封点可采用红外法检测。

（10）废水

• 化学药品原料药制造、兽用药品原料药制造和医药中间体生产（重点地区增加生物药品制品制造和药物研发机构）的废水应采用密闭管道输送；如采用沟渠输送应加盖密闭。废水集输系统的接入口和排出口应采取与环境隔离措施。其他制药企业废水集输系统符合 GB 37822—2019 的规定。

• 化学药品原料药制造、兽用药品原料药制造和医药中间体生产（重点地区增加生物药品制品制造和药物研发机构）的废水储存和处理设施，在曝气池及其之前应加盖密闭，或采取其他等效措施。

（11）循环冷却水

• 对开式循环冷却水系统，应每 6 个月对流经换热器进口和出口的循环冷却水中的总有机碳（TOC）浓度进行检测，若出口浓度大于进口浓度 10%，则认定发生了泄漏，应按照规定进行泄漏源修复与记录。

（12）非正常工况

• 制定开停工、检维修、生产异常等非正常工况的操作规程和污染控制措施。

• 载有 VOCs 物料的设备及其管道在开停工（车）、检维修和清洗时，应在退料阶段将残存物料退净，并用密闭容器盛装，退料过程废气应排至 VOCs 废气收集处理系统；清洗及吹扫过程排气应排至 VOCs 废气收集处理系统。

• 做好检维修记录，并及时向社会公开非正常工况相关环境信息，接受社会监督。

• 非计划性操作应严格控制污染，杜绝事故性排放，事后及时评估并向生态环境主管部门报告。

3. 末端治理

（1）储罐

• 采用吸收、吸附、冷凝、膜分离等组合工艺回收处理或引至工艺有机废气治理设施处理。

（2）工艺过程

• 发酵废气采用碱洗 + 氧化 + 水洗、吸附浓缩 + 燃烧处理技术。

• 配料、反应、分离、提取、精制、干燥、溶剂回收等工艺有机废气收集后，采用冷凝 + 吸附回收、燃烧、吸附浓缩 + 燃烧进行处理，或送工艺加热炉、锅炉、焚烧炉燃烧处理（含氯废气除外）。

（3）废水液面

• 收集的废气采用生物法、吸附、焚烧等处理技术。

（4）非正常工况

• 冷凝 + 吸附回收、燃烧、吸附浓缩 + 燃烧进行处理，或送工艺加热炉、锅炉、焚烧炉燃烧处理（含氯废气除外）。

4. 排放限值

• 满足《制药工业大气污染物排放标准》（GB 37823—2019）要求，有更严格地方标准的，执行地方标准。

5. 监测监控

• 严格执行《排污单位自行监测技术指南　提取类制药工业》（HJ 881—

2017)、《排污单位自行监测技术指南　发酵类制药工业》(HJ 882—2017)、《排污单位自行监测技术指南　化学合成类制药工业》(HJ 883—2017)、《排污单位自行监测技术指南　总则》(HJ 819—2017)规定的自行监测管理要求。

• 纳入重点排污单位名录的，排污许可证中规定的主要排污口安装自动监控设施。

6. 台账记录

环境管理台账一般按日或按批次进行记录，异常情况应按次记录。记录应保存 3 年以上。

(1)原辅料信息

• 排污单位应记录原辅材料采购量、库存量、出库量、纯度、是否有毒有害等信息。

(2)生产台账

• 生产设施运行管理信息。配料、反应、分离、提取、精制、干燥、溶剂回收等工艺环节生产设施名称、设施参数、原料名称、产品名称、加工 / 生产能力、运行时间、运行负荷。

• 记录统计时段内主要产品产量。

(3)泄漏检测与修复

• 生产装置名称、密封点类型、密封点编号或位置、检测时间、检测初值、背景值、净检测值、介质、检测人等设备与管线组件密封点挥发性有机物泄漏检测记录表。

• 是否修复、是否延迟修复、修复时间、修复手段、修复后检测初值、修复后背景值、修复后净检测值、介质、修复后检测人等设备与管线组件密封点挥发性有机物泄漏修复记录表。

(4)储罐

• 罐型、公称容积、内径、罐体高度、浮盘密封设施状态、储存物料名称、物料储存温度和年周转量等，以及储罐废气治理台账。

（5）装载

• 装载物料名称、设计年装载量、装载温度和装载形式、实际装载量等，以及装载废气治理台账。

（6）循环水冷却系统

• 服务装置范围、冷却塔类型、循环水流量、运行时间、冷却水排放量、监测时间、监测浓度等。

（7）废水集输、储存与处理系统

• 废水量、废水集输方式（密闭管道、沟渠）、废水处理设施密闭情况、敞开液面上方 VOCs 检测浓度等。

（8）治理设施运行信息

• 按照设施类别分别记录设施的实际运行相关参数和维护记录。具体参考第 3 部分中的“三、治理设施台账记录”要求。

（9）非正常工况

• 记录开停工（车）的起止时间、情形描述、处理措施和污染物排放情况。

• 对于计划内检修和非计划启停，应记录起止时间、污染物排放情况（排放浓度、排放量）、异常原因、应对措施等。

（三）农药工业

典型化学农药制造工艺与 VOCs 排放环节、典型生物农药制造工艺与 VOCs 排放环节见图 1-12、图 1-13。

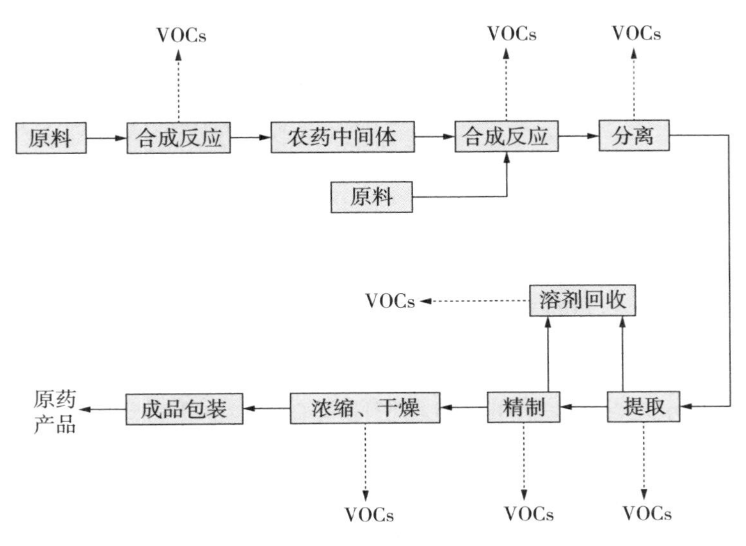

图 1-12　典型化学农药制造工艺与 **VOCs** 排放环节示意

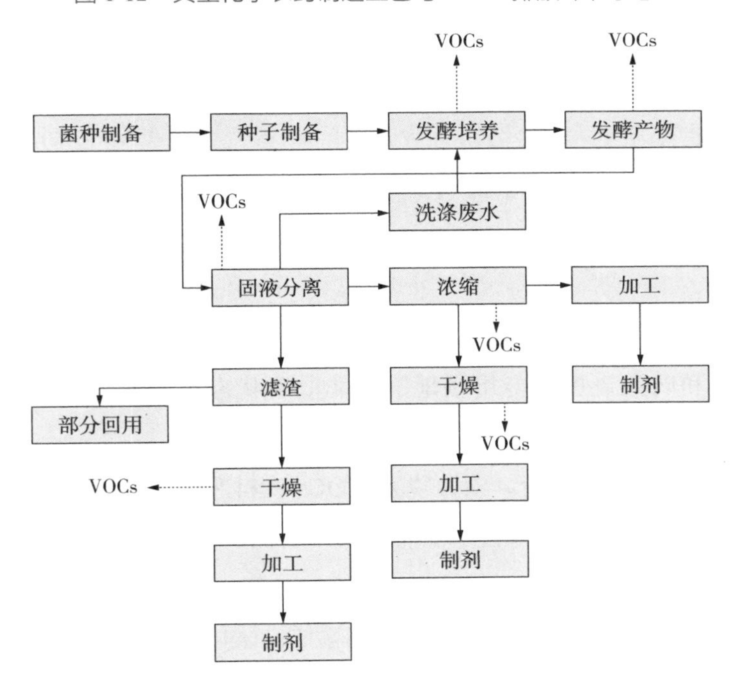

图 1-13　典型生物农药制造工艺与 **VOCs** 排放环节示意

1. 源头削减

（1）生产工艺

• 采用非卤代烃和非芳香烃类溶剂，生产水基化类农药制剂。

• 采用水相法、生物酶法合成等技术。

（2）生产设备

• 反应釜：常压带温反应釜上配备冷凝或深冷回流装置回收，减少反应过程中挥发性有机物料的损耗，不凝性废气有效收集至 VOCs 废气处理系统。

• 固液分离设备：采用全自动密闭离心机、下卸料式密闭离心机、吊袋式离心机、多功能一体式压滤机、高效板式密闭压滤机、隔膜式压滤机、全密闭压滤罐等；产品物料属性等原因造成无法采用上述固液分离设备时，对相关生产区域进行密闭隔离，采用负压排气将无组织废气收集至 VOCs 废气处理系统。

2. 过程控制

（1）储存

• 依据储存物料的真实蒸气压选择适宜的储罐罐型。

• 苯、甲苯、二甲苯宜采用内浮顶罐并安装顶空联通置换油气回收装置。

• 盛装 VOCs 物料的容器或包装袋应存放于室内，或存放于设置有雨棚、遮阳和防渗设施的专用场地，在非取用状态时应加盖、封口，保持密闭。

• 含 VOCs 废料（渣、液）以及 VOCs 物料废包装物等危险废物密封储存于密闭的危险废物储存间。

（2）输送

• 液态 VOCs 物料应采用密闭管道输送；采用非管道输送方式转移液态 VOCs 物料时，应采用密闭容器、罐车。

• 粉状、粒状 VOCs 物料应采用气力输送设备、管状带式输送机、螺旋输送机等密闭输送方式，或采用密闭的包装袋、容器或罐车进行物料转移。

（3）投料

• 易产生 VOCs 的固体物料采用固体粉料自动投料系统、螺旋推进式投料系统等密闭投料装置，若难以实现密闭投料的，将投料口密闭隔离，采用负压排气将投料尾气有效收集至 VOCs 废气处理系统。

• 宜采用无泄漏泵或高位槽（计量槽）投加，替代真空抽料，进料方式采用底部给料或使用浸入管给料，顶部添加液体采用导管贴壁给料。

• 重点地区采用高位槽 / 中间罐投加物料时，配置蒸气平衡管，使投料尾气形成闭路循环，消除投料过程无组织排放，若难以实现的，将投料尾气有效收集至 VOCs 废气处理系统。非重点地区可参照执行。

• 反应釜投料所产生的置换尾气（放空尾气）有效收集至 VOCs 废气处理系统。

（4）取样

• 采用密闭取样器取样，避免敞口取样。

（5）蒸馏 / 精馏

• 溶剂在蒸馏 / 精馏过程中采用多级梯度冷凝方式，冷凝器优先采用螺旋绕管式或板式冷凝器等高效换热设备，并有足够的换热面积和热交换时间。

• 对于常压蒸馏 / 精馏釜，冷凝后不凝气和冷凝液接收罐放空尾气排至 VOCs 废气收集处理系统；对于减压蒸馏 / 精馏釜，真空泵尾气和冷凝液接收罐放空尾气排至 VOCs 废气收集处理系统。

• 蒸馏 / 精馏釜出渣（蒸馏 / 精馏残渣）产生的废气排至 VOCs 废气收集处理系统，蒸馏 / 精馏釜清洗产生的废液采用管道密闭收集并输送至废水集输系统或密闭废液储槽，储槽放空尾气密闭收集。

（6）母液收集

• 分离精制后的 VOCs 母液密闭收集，母液储槽（罐）产生的废气排至 VOCs 废气收集处理系统。

（7）干燥

• 采用耙式干燥、单锥干燥、双锥干燥、真空烘箱等先进干燥设备，干燥过程中产生的真空尾气优先冷凝回收物料，不凝气排至 VOCs 废气收集处理系统。

• 采用箱式干燥机时，则对相关生产区域进行密闭隔离，采用负压排气将无组织废气排至 VOCs 废气收集处理系统。

• 采用喷雾干燥、气流干燥机等常压干燥时，干燥过程中产生的无组织废气排至 VOCs 废气收集处理系统。

（8）真空设备

• 真空系统采用干式真空泵，真空排气排至 VOCs 废气收集处理系统；若使用液环（水环）真空泵、水（水蒸气）喷射真空泵等，工作介质的循环槽（罐）密闭，真空排气、循环槽（罐）排气排至 VOCs 废气收集处理系统。

（9）设备组件

• 载有气态 VOCs 物料、液态 VOCs 物料的设备与管线组件的密封点≥ 2 000 个时，开展 LDAR 工作。

• 泵、压缩机、搅拌器（机）、阀门、开口阀或开口管线、泄压设备、取样连接系统至少每 6 个月检测一次。

• 法兰及其他连接件、其他密封设备至少每 12 个月检测一次。

• 对不可达密封点可采用红外法检测。

（10）废水液面

• 废水集输：采用密闭管道输送，接入口和排出口采取与环境空气隔离的措施；采用沟渠输送，敞开液面上方 100 mm 处 VOCs 检测浓度≥ 200 μmol/mol（重点地区≥ 100 μmol/mol）时，加盖密闭，接入口和排出口采取与环境空气隔离的措施。

• 废水储存、处理：含 VOCs 废水储存和处理设施敞开液面上方 100 mm

处 VOCs 检测浓度≥200 μmol/mol（重点地区≥100 μmol/mol）时，采用浮动顶盖；采用固定顶盖，收集废气至 VOCs 废气收集处理系统；或采用其他等效措施。

（11）循环冷却水

• 对开式循环冷却水系统，应每 6 个月对流经换热器进口和出口的循环冷却水中的总有机碳（TOC）浓度进行检测，若出口浓度大于进口浓度 10%，则认定发生了泄漏，应按照规定进行泄漏源修复与记录。

（12）非正常工况

• 制定开停工、检维修、生产异常等非正常工况的操作规程和污染控制措施。

• 载有 VOCs 物料的设备及其管道在开停工（车）、检维修和清洗时，应在退料阶段将残存物料退净，并用密闭容器盛装，退料过程废气应排至 VOCs 废气收集处理系统；清洗及吹扫过程排气应排至 VOCs 废气收集处理系统。

• 做好检维修记录，并及时向社会公开非正常工况相关环境信息，接受社会监督。

• 非计划性操作应严格控制污染，杜绝事故性排放，事后应及时评估并向生态环境主管部门报告。

3. 末端治理

（1）储罐

• 采用吸收、吸附、冷凝、膜分离等组合工艺回收处理或引至工艺有机废气治理设施处理。

（2）工艺过程

• 发酵废气采用碱洗 + 氧化 + 水洗、吸附浓缩 + 燃烧处理技术。

• 配料、反应、分离、提取、精制、干燥、溶剂回收等工艺有机废气收集后，采用冷凝 + 吸附回收、燃烧、吸附浓缩 + 燃烧进行处理，或送工艺加热炉、锅炉、焚烧炉燃烧处理（含氯废气除外）。

（3）废水液面

• 收集的废气采用生物法、吸附、焚烧等处理技术。

（4）非正常工况

• 冷凝 + 吸附回收、燃烧、吸附浓缩 + 燃烧进行处理，或送工艺加热炉、锅炉、焚烧炉燃烧处理（含氯废气除外）。

4. 排放限值

• 满足《大气污染物综合排放标准》（GB 16297—1996）、《挥发性有机物无组织排放控制标准》（GB 37822—2019），有更严格地方标准的，执行地方标准。

5. 监测监控

• 严格执行《排污单位自行监测技术指南　农药制造工业》（HJ 987—2018）、《排污单位自行监测技术指南　总则》(HJ 819—2017) 规定的自行监测管理要求。

• 纳入重点排污单位名录的，排污许可证中规定的主要排污口应安装自动监控设施。

6. 台账记录

环境管理台账一般按日或按批次进行记录，异常情况应按次记录。记录应保存 3 年以上。

（1）原辅料信息

• 排污单位应记录原辅材料采购量、库存量、出库量、纯度、是否有毒有害等信息。

（2）生产台账

• 生产设施运行管理信息。配料、反应、分离、提取、精制、干燥、溶剂回收等工艺环节生产设施名称、设施参数、原料名称、产品名称、加工 / 生产能力、运行时间、运行负荷。

• 记录统计时段内主要产品产量。

（3）泄漏检测与修复

• 生产装置名称、密封点类型、密封点编号或位置、检测时间、检测初值、背景值、净检测值、介质、检测人等设备与管线组件密封点挥发性有机物泄漏检测记录表。

• 是否修复、是否延迟修复、修复时间、修复手段、修复后检测初值、修复后背景值、修复后净检测值、介质、修复后检测人等设备与管线组件密封点挥发性有机物泄漏修复记录表。

（4）储罐

• 罐型、公称容积、内径、罐体高度、浮盘密封设施状态、储存物料名称、物料储存温度和年周转量等，以及储罐废气治理台账。

（5）装载

• 装载物料名称、设计年装载量、装载温度和装载形式、实际装载量等，以及装载废气治理台账。

（6）循环水冷却系统

• 服务装置范围、冷却塔类型、循环水流量、运行时间、冷却水排放量、监测时间、监测浓度等。

（7）废水集输、储存与处理系统

• 废水量、废水集输方式（密闭管道、沟渠）、废水处理设施密闭情况、敞开液面上方 VOCs 检测浓度等。

（8）治理设施运行信息

• 按照设施类别分别记录设施的实际运行相关参数和维护记录。具体参考第 3 部分中的“三、治理设施台账记录”要求。

（9）非正常工况

• 记录开停工（车）的起止时间、情形描述、处理措施和污染物排放情况。

• 对于计划内检修和非计划启停，应记录起止时间、污染物排放情况（排放浓度、排放量）、异常原因、应对措施等。

（四）焦化行业

炼焦生产工艺流程与 VOCs 排放环节见图 1-14。

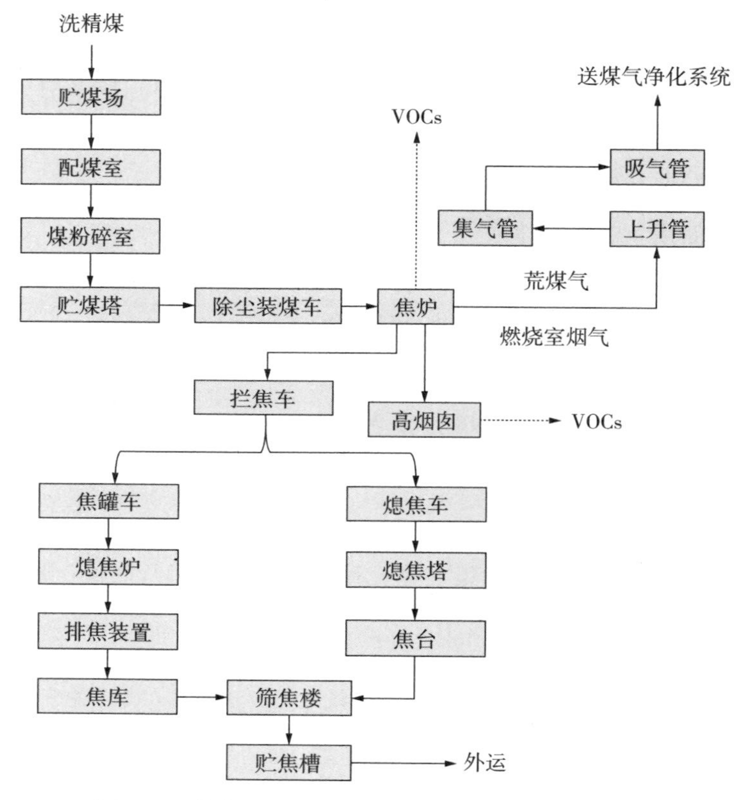

图 1-14　炼焦生产工艺流程与 VOCs 排放环节示意

1. 源头削减

• 提高焦炉大型化，提高机械化、自动化水平，减少装煤和推焦的次数，减少炉门、上升管和装煤孔数量，缩短密封面的总长度。推动与焦炉配套的煤气净化、干熄焦大型化。

2. 过程控制

（1）原料运输

• 精煤破碎、焦炭破碎、筛分及转运环节密闭输送。

焦炉煤气净化典型工艺与 VOCs 排放环节见图 1-15。

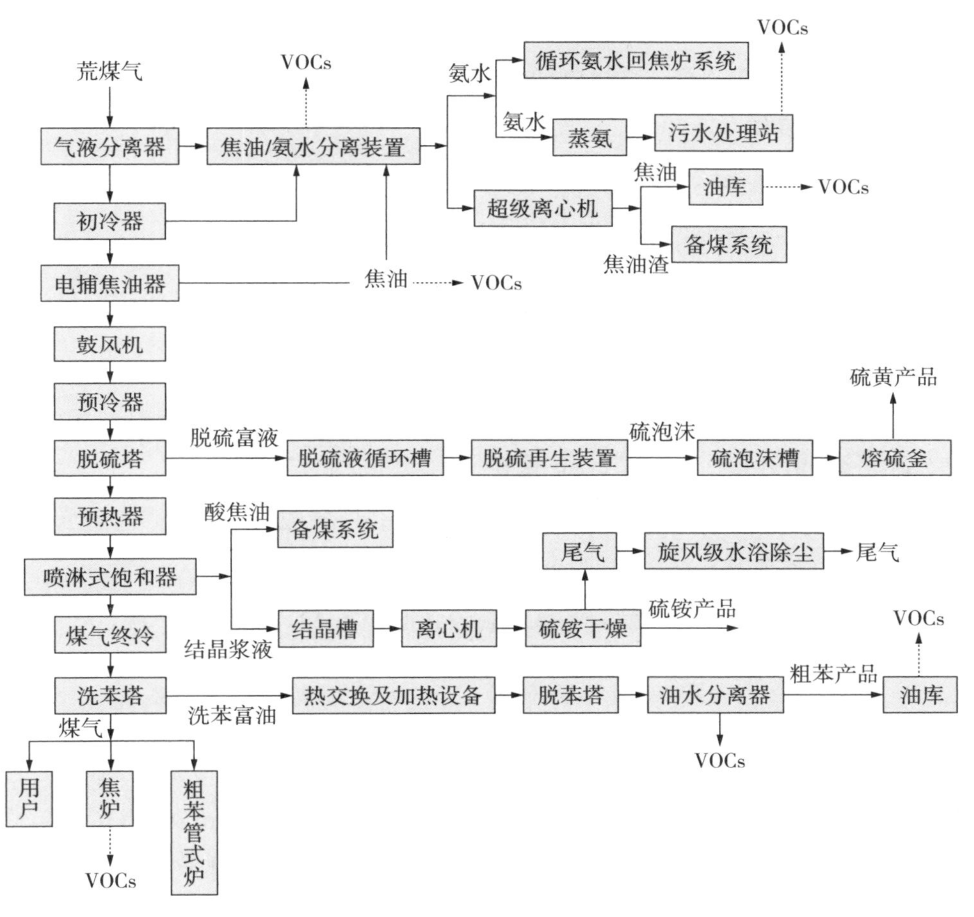

图 1-15 焦炉煤气净化典型工艺与 VOCs 排放环节示意

（2）炼焦

• 装煤和焦炉烟囱采用微负压炼焦。装煤孔盖采用密封结构，增加装煤孔盖的严密性，并用特制泥浆密封炉盖与盖座的间隙；上升管盖采用水封装置、桥管承插口采用中温沥青密封；上升管根部采用编织石棉绳填塞，特制泥浆封闭；炉门采用弹簧刀边炉门、厚炉门框、大保护板，防止炉门泄漏。

（3）储存

• 依据储存物料的真实蒸气压选择适宜的储罐罐型。

• 焦化生产冷鼓、库区焦油各类储槽，以及苯储槽等环节应收集治理。

（4）装载

• 严禁喷溅式装载，采用顶部浸没式装载或液下装载。顶部浸没式装载出油口距离罐底高度应小于 200mm。

• 应密闭装车并将油气收集、输送至回收处理装置。

• 宜采用快速干式接头。

（5）设备组件

• 载有气态 VOCs 物料、液态 VOCs 物料的设备与管线组件的密封点≥ 2 000 个时，开展 LDAR 工作。

• 泵、压缩机、搅拌器（机）、阀门、开口阀或开口管线、泄压设备、取样连接系统至少每 6 个月检测一次。

• 法兰及其他连接件、其他密封设备至少每 12 个月检测一次。

• 不可达密封点可采用红外法检测。

（6）废水

• 废水集输：采用密闭管道输送，接入口和排出口采取与环境空气隔离的措施；采用沟渠输送，敞开液面上方 100 mm 处 VOCs 检测浓度≥ 200 μmol/mol（重点地区≥ 100 μmol/mol）时，应加盖密闭，接入口和排出口应采取与环境空气隔离的措施。

• 废水储存、处理：含 VOCs 废水储存和处理设施敞开液面上方 100 mm 处 VOCs 检测浓度≥ 200 μmol/mol（重点地区≥ 100 μmol/mol）时，采用浮动顶盖；采用固定顶盖，收集废气至 VOCs 废气收集处理系统；或采用其他等效措施。

（7）循环冷却水

• 对开式循环冷却水系统，应每 6 个月对流经换热器进口和出口的循环冷却水中的总有机碳（TOC）浓度进行检测，若出口浓度大于进口浓度 10%，则认定发生了泄漏，应按照规定进行泄漏源修复与记录。

（8）非正常工况

• 制定开停工、检维修、生产异常等非正常工况的操作规程和污染控制措施。

• 载有 VOCs 物料的设备及其管道在开停工（车）、检维修和清洗时，应在退料阶段将残存物料退净，并用密闭容器盛装，退料过程废气应排至 VOCs 废气收集处理系统；清洗及吹扫过程排气应排至 VOCs 废气收集处理系统。

• 做好检维修记录，并及时向社会公开非正常工况相关环境信息，接受社会监督。

• 建设常规焦炉荒煤气放散自动点火装置，处置煤气风机故障、突然停电、荒煤气导出系统故障下煤气放散排放。

• 建设火炬或煤气柜，处置或存储焦炉煤气利用工序检修或发生故障时煤气的放散排放。

• 非计划性操作应严格控制污染，杜绝事故性排放，事后及时评估并向生态环境主管部门报告。

3. 末端治理

（1）煤气净化

• 冷鼓、脱硫、硫铵、粗苯、油库等各类储槽通过呼吸阀挥发出的废气收集后，接至煤气负压管道，引入煤气负压系统混配到煤气中，利用完整的煤气净化工艺对尾气进行净化；或采取燃烧、吸收＋吸附等工艺。

（2）废水液面

• 焦化废水逸散废气收集后引回焦炉燃烧或采用高效（组合）脱臭工艺处理。

（3）非正常工况

• 回收或采取燃烧法、吸附 / 吸收法等组合工艺。

4. 排放限值

• 满足《炼焦化学工业污染物排放标准》（GB 16171—2012）、《挥发性有机物无组织排放控制标准》(GB 37822—2019),有更严格地方标准的,执行地方标准。

5. 监测监控

• 严格执行《排污单位自行监测技术指南　钢铁工业及炼焦化学工业》(HJ 878—2017)、《排污单位自行监测技术指南　总则》(HJ 819—2017)规定的自行监测管理要求。

• 纳入重点排污单位名录的,排污许可证中规定的主要排污口安装自动监控设施。

6. 台账记录

(1)生产信息

• 生产装置名称、主要工艺名称、生产设施名称、设施参数、原料名称、产品名称、加工 / 生产能力、年运行时间、运行负荷以及原料、辅料、燃料使用量及产品产量等。

(2)泄漏检测与修复

• 生产装置名称、密封点类型、密封点编号或位置、检测时间、检测初值、背景值、净检测值、介质、检测人等设备与管线组件密封点挥发性有机物泄漏检测记录表。

• 是否修复、是否延迟修复、修复时间、修复手段、修复后检测初值、修复后背景值、修复后净检测值、介质、修复后检测人等设备与管线组件密封点挥发性有机物泄漏修复记录表。

(3)储罐

• 罐型、公称容积、内径、罐体高度、浮盘密封设施状态、储存物料名称、物料储存温度和年周转量等,以及储罐维护、保养、检查等运行管理情况、储罐废气治理台账。

(4)装载

• 装载物料名称、设计年装载量、装载温度和装载形式(火车 / 汽车 / 轮船 / 驳船)、实际装载量等,以及装载废气治理台账。

（5）火炬

• 连续监测、记录引燃设施和火炬的工作状态（火炬气流量、火炬头温度、火种气流量、火种温度等）。

（6）循环水冷却系统

• 服务装置范围、冷却塔类型、循环水流量、运行时间、冷却水排放量、监测时间、监测浓度等。

（7）废水集输、储存与处理系统

• 废水量、废水集输方式（密闭管道、沟渠）、废水处理设施密闭情况、敞开液面上方 VOCs 检测浓度等。

（8）治理设施运行信息

• 按照设施类别分别记录设施的实际运行相关参数和维护记录。具体参考第 3 部分中的“三、治理设施台账记录”要求。

（9）非正常工况

• 记录气化炉周期性开停车的起止时间、情形描述、处理措施和污染物排放情况。

• 其他装置计划内检修和非计划启停，应记录起止时间、污染物排放情况（排放浓度、排放量）、异常原因、应对措施等。

（五）涂料、油墨及胶粘剂制造业

本部分不适用于粉末涂料、合成树脂、建筑乳胶涂料制造生产过程。

1. 源头削减

• 鼓励企业生产水性、辐射固化、粉末、高固体分、无溶剂等低 VOCs 含量涂料。

• 鼓励企业生产水性、辐射固化、植物基等低 VOCs 含量油墨。

• 鼓励企业生产水基、热熔、无溶剂、辐射固化、改性、生物降解等低 VOCs 含量胶粘剂。

涂料、油墨及胶粘剂制造业生产工艺与污染物排放环节见图 1-16。

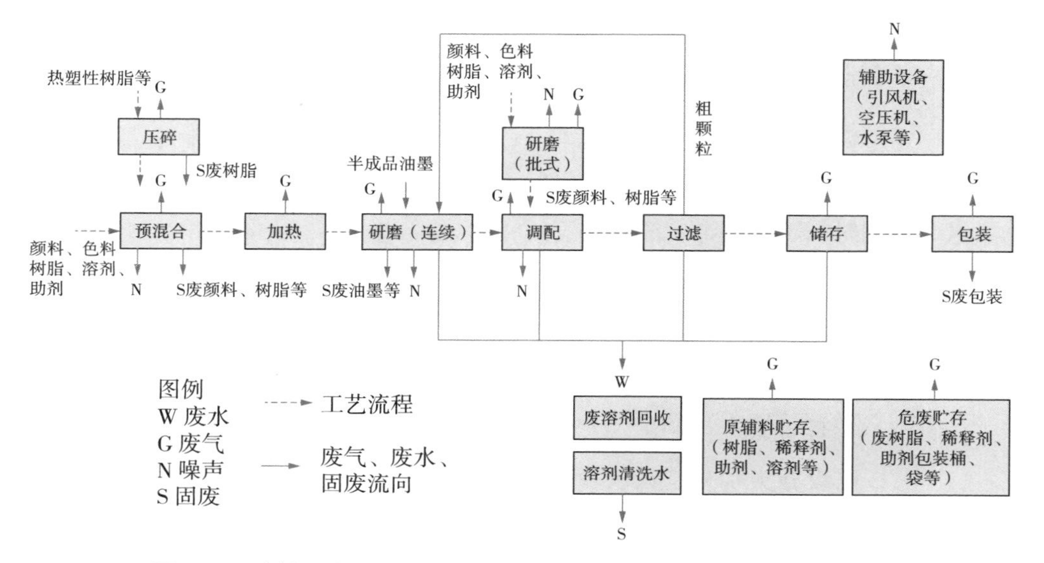

图 1-16　涂料、油墨及胶粘剂制造业生产工艺与污染物排放环节示意

2. 过程控制

（1）储存

• 有机溶剂、清洗剂等含 VOCs 原辅材料在非即用状态时应加盖密封，并存放于安全、合规场所。企业确保贮存涂料、油墨、胶粘剂等的容器材质结实、耐用，无破损、无泄漏，封闭良好。除水性涂料、油墨原辅料可选择塑料材质容器外，如无特殊需求宜选择铁质容器。

• 废涂料、废油墨、废清洗剂、废活性炭等危险废物，应分类放置于贴有标识的容器内，密封，存放于安全、合规场所。

（2）转移和输送

• 液态 VOCs 物料应采用密闭管道输送。采用非管道输送方式转移液态 VOCs 物料时，应采用密闭容器、罐车。

（3）储罐

• 宜采用内浮顶罐进行溶剂贮存。内浮顶罐的浮顶与罐壁之间应采用浸液式密封、机械式鞋形密封等高效密封方式；外浮顶罐的浮顶与罐壁之间应采用双重密封，且一次密封应采用浸液式密封、机械式鞋形密封等高效密封方式。若使用固定顶罐则排放的废气应收集处理。

（4）投料

• 企业应优先使用桶泵等密闭方式投料。人工投料时应采取局部气体收集，将废气输送至末端处理系统。重点地区采用高位槽（罐）进料时置换的废气排至 VOCs 废气收集处理系统或气相平衡系统。

（5）研磨

• 企业宜推广使用密闭式卧式研磨机，使用篮式研磨机、三辊式研磨机时宜在密闭空间生产，将废气收集至污染物控制设施。

（6）移动缸

• 鼓励企业用固定缸替代移动缸。

• 移动缸操作时应采取局部气体收集，将废气排至 VOCs 废气收集处理系统。移动缸存放物料时应加盖密闭。

• 移动缸搅拌时宜有微负压或在有微负压的密闭空间生产，将废气收集至污染物控制设施。

（7）产品包装

• 包装环节宜推广自动或半自动包装技术，替代手动包装。包装环节产生的废气应排至 VOCs 废气收集处理系统。

（8）清洗

• 移动缸及设备零件清洗吹扫时，应采用密闭系统或在密闭空间内操作，废气排至 VOCs 废气收集处理系统；无法密闭的，采取局部气体收集措施，废气排至 VOCs 废气收集处理系统。重点地区的清洗环节应满足移动缸及设备零件清洗吹扫时，应采用密闭系统或在密闭空间内操作，废气排至 VOCs 废气收集处理系统。

• 固定反应釜体清洗吹扫时宜开启密闭收集系统。

（9）真空系统

• 真空系统应采用干式真空泵，真空排气应排至 VOCs 废气收集处理系统。使用液环（水环）真空泵、水（水蒸气）喷射真空泵的，工作介质的循环槽（罐）应密闭，真空排气、循环槽（罐）排气应排至VOCs废气收集处理系统。

（10）实验室

• 重点地区实验室若使用含VOCs的化学品或VOCs物料进行实验，应使用通风橱（柜）或进行局部气体收集，废气应排至VOCs废气收集处理系统。一般地区可参照重点地区要求。

（11）设备组件

• 载有气态VOCs物料、液态VOCs物料的设备与管线组件的密封点≥2 000个的企业，需建立企业密封点档案和泄漏检测与修复计划。

• 泵、压缩机、阀门、开口阀或开口管线、气体/蒸气泄压设备、取样连接系统每6个月检测一次；法兰及其他连接件、其他密封设备每12个月检测一次。

• 企业宜建立密封点泄漏检测与修复（LDAR）信息平台。

（12）废水和循环水系统

• 废水应采用密闭管道输送，接入口和排出口应采取与环境空气隔离的措施；采用沟渠输送的，若敞开液面上方100 mm处VOCs检测浓度大于200 μmol/mol（重点地区大于100 μmol/mol）时，应加盖密闭，接入口和排出口应采取与环境空气隔离的措施。

• 含VOCs废水储存和处理设施敞开液面上方100 mm处VOCs检测浓度大于200 μmol/mol（重点地区大于100 μmol/mol）的应采用浮动顶盖，或采用固定顶盖，收集废气至VOCs废气收集处理系统。

（13）非正常工况

• 制定开停工、检维修、生产异常等非正常工况的操作规程和污染控制措施。

• 载有VOCs物料的设备及其管道在开停工（车）、检维修和清洗时，应在退料阶段将残存物料退净，并用密闭容器盛装，退料过程废气应排至

VOCs 废气收集处理系统；清洗及吹扫过程排气应排至 VOCs 废气收集处理系统。

• 做好检维修记录，并及时向社会公开非正常工况相关环境信息，接受社会监督。

• 非计划性操作应严格控制污染，杜绝事故性排放，事后及时评估并向生态环境主管部门报告。

• 事故工况开展事后评估并及时向生态环境主管部门报告。

3. 末端治理

• 对于生产卷钢、船舶、机械、汽车、家具、包装印刷、电子等溶剂型涂料的企业，宜使用除尘 + 旋转式吸附（沸石分子筛）+RTO、除尘 + 固定床吸附（活性炭）+CO 等治理技术。中大型连续性生产企业宜采用 RTO 燃烧技术。

• 对于生产水性家具漆、水性汽车漆等水性工业涂料企业，宜使用除尘 + 固定床吸附技术（活性炭）；对于生产水性家具漆、水性汽车漆等水性工业涂料，同时也生产溶剂型涂料的企业，宜使用除尘 + 吸附 + 燃烧处理技术。

• 对于生产溶剂型凹版油墨、溶剂型柔版油墨等溶剂型油墨的企业，宜使用除尘技术 + 旋转式吸附技术（分子筛）+RTO 技术等。对于中大型连续性生产企业适合采用 RTO 燃烧技术。

• 对于生产胶印印刷油墨的企业，宜使用除尘 + 固定床吸附技术（活性炭）。

• 对于仅生产水性油墨的企业，宜使用除尘 + 固定床吸附技术（活性炭）。对于生产水性油墨、同时也生产溶剂型油墨的企业，宜使用除尘 + 吸附 + 燃烧技术。

• 对于生产溶剂型胶粘剂的企业，宜使用除尘 + 吸附 + 燃烧等技术。

• 对于生产水基型、本体型胶粘剂的企业，宜使用除尘 + 固定床吸附技术（活性炭）技术。

4. 排放限值

• 满足《涂料、油墨及胶粘剂工业大气污染物排放标准》（GB 37824—2019）、《挥发性有机物无组织排放控制标准》（GB 37822—2019），有更严格地方标准的，执行地方标准。

5. 监测监控

• 严格执行《排污许可证申请与核发技术规范　涂料、油墨、颜料及类似产品制造业》（HJ 1116—2020）规定的自行监测管理要求。

• 纳入重点排污单位名录的，排污许可证中规定的主要排污口安装自动监控设施。

6. 台账记录

环境管理台账一般按日或按批次记录，异常情况应按次记录。记录应保存 3 年以上。

（1）原辅材料台账

• 含 VOCs 原辅料（树脂、颜料、填料、助剂、溶剂、连接料等）：记录名称、用量、主要成分含量、含水率，采购量、使用量、库存量，含 VOCs 原辅材料回收方式及回收量等。

（2）生产台账

• 生产设施运行管理信息。配料、投料、反应、混合、研磨、过滤、分散、包装、清洗等工艺环节生产设施名称、设施参数、原料名称、产品名称、加工 / 生产能力、运行时间、运行负荷。

• 记录统计时段内主要产品产量。

（3）泄漏检测与修复

• 生产装置名称、密封点类型、密封点编号或位置、检测时间、检测初值、背景值、净检测值、介质、检测人等设备与管线组件密封点挥发性有机物泄漏检测记录表。

• 是否修复、是否延迟修复、修复时间、修复手段、修复后检测初值、修复后背景值、修复后净检测值、介质、修复后检测人等设备与管线组件密封点挥发性有机物泄漏修复记录表。

（4）储罐

• 罐型、公称容积、内径、罐体高度、浮盘密封设施状态、储存物料名称、物料储存温度和年周转量等，以及储罐维护、保养、检查等运行管理情况、储罐废气治理台账。

（5）装载

• 装载物料名称、设计年装载量、装载温度和装载形式、实际装载量等，以及装载废气治理台账。

（6）废水集输、储存与处理系统

• 废水量、废水集输方式（密闭管道、沟渠）、废水处理设施密闭情况、敞开液面上方 VOCs 检测浓度等。

（7）治理设施运行信息

• 按照设施类别分别记录设施的实际运行相关参数和维护记录。具体参考第 3 部分中的“三、治理设施台账记录”要求。

（8）非正常工况

• 记录开停工（车）的起止时间、情形描述、处理措施和污染物排放情况。

• 对于计划内检修和非计划启停，应记录起止时间、污染物排放情况（排放浓度、排放量）、异常原因、应对措施等。

三、工业涂装

（一）汽车整车制造业

汽车整车制造业生产工艺与VOCs排放环节见图1-17。

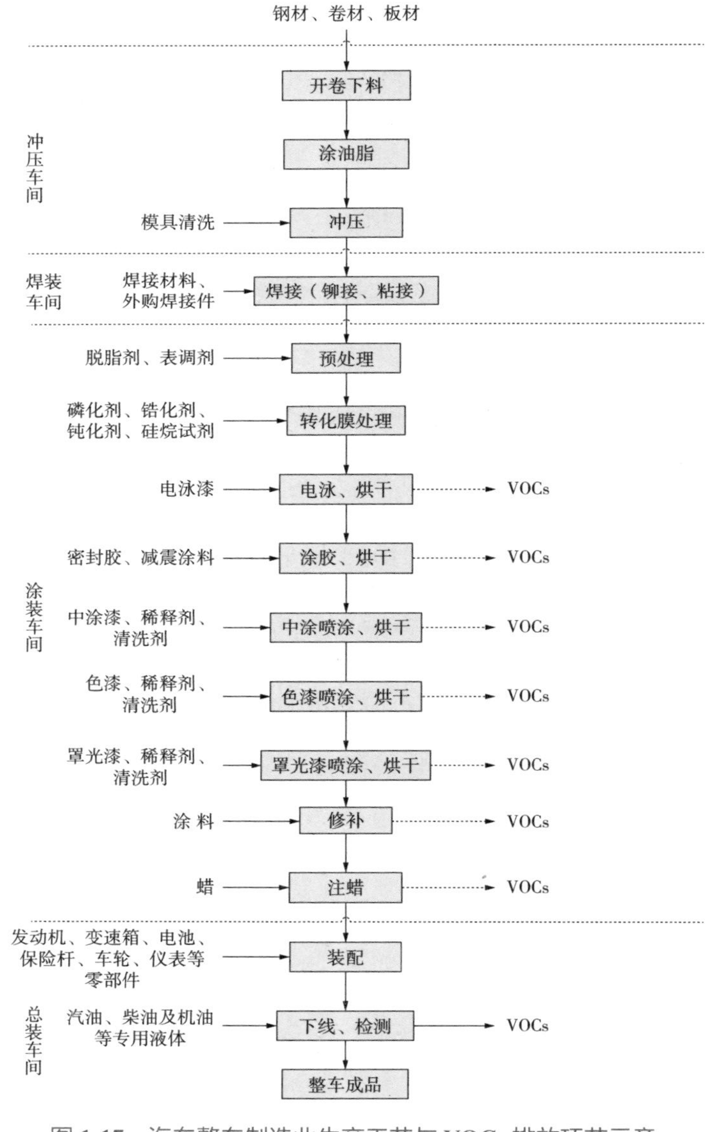

图1-17　汽车整车制造业生产工艺与VOCs排放环节示意

1. 源头削减

（1）含 VOCs 原辅材料

• 2020 年 12 月 1 日起使用的涂料、清洗剂、胶粘剂中 VOCs 含量的限值应符合表 1-5 的要求。

表 1-5　汽车整车制造业原辅材料 VOCs 含量限值

原辅材料类别	主要产品类型		限量值
水性涂料	汽车原厂涂料（乘用车、载货汽车）	电泳底漆	≤ 250 g/L
		中涂	≤ 350 g/L
		底色漆	≤ 530 g/L
		本色面漆	≤ 420 g/L
	汽车原厂涂料［客车（机动车）］	电泳底漆	≤ 250 g/L
		其他底漆	≤ 420 g/L
		中涂	≤ 300 g/L
		底色漆	≤ 420 g/L
		本色面漆	≤ 420 g/L
		清漆	≤ 420 g/L
溶剂型涂料	汽车原厂涂料（乘用车）	中涂	≤ 530 g/L
		底色漆	≤ 750 g/L
		本色面漆	≤ 550 g/L
		哑光清漆［光泽（60°）≤ 60 单位值］	≤ 600 g/L
		单组分清漆	≤ 550 g/L
		双组分清漆	≤ 500 g/L
	载货汽车原厂涂料	单组分底漆	≤ 700 g/L
		双组分底漆	≤ 540 g/L
		中涂	≤ 500 g/L
		实色底色漆	≤ 680 g/L

原辅材料类别	主要产品类型		限量值
溶剂型涂料	载货汽车原厂涂料	效应颜料高装饰底色漆	≤ 840 g/L
		效应颜料其他底色漆	≤ 750 g/L
		本色面漆	≤ 550 g/L
		清漆	≤ 500 g/L
	汽车原厂涂料 [客车（机动车）]	底漆	≤ 540 g/L
		中涂	≤ 540 g/L
		底色漆	≤ 770 g/L
		本色面漆	≤ 550 g/L
		清漆	≤ 480 g/L
水基清洗剂	—		≤ 50 g/L
半水基清洗剂	—		≤ 300 g/L
有机溶剂清洗剂	—		≤ 900 g/L
水基型胶粘剂	聚乙酸乙烯酯类		≤ 50 g/L
	橡胶类		≤ 50 g/L
	聚氨酯类		≤ 50 g/L
	醋酸乙烯 - 乙烯共聚乳液类		≤ 50 g/L
	丙烯酸酯类		≤ 50 g/L
	其他		≤ 50 g/L
本体型胶粘剂	有机硅类		≤ 100 g/kg
	MS 类		≤ 100 g/kg
	聚氨酯类		≤ 50 g/kg
	聚硫类		≤ 50 g/kg
	丙烯酸酯类		≤ 200 g/kg
	环氧树脂类		≤ 100 g/kg
	α- 氰基丙烯酸类		≤ 20 g/kg

原辅材料类别	主要产品类型	限量值
本体型胶粘剂	热塑类	≤ 50 g/kg
	其他	≤ 50 g/kg
溶剂型胶粘剂	氯丁橡胶类	≤ 600 g/L
	苯乙烯 - 丁二烯 - 苯乙烯嵌段共聚物橡胶类	≤ 550 g/L
	聚氨酯类	≤ 250 g/L
	丙烯酸酯类	≤ 510 g/L
	减震用热硫化胶粘剂	≤ 700 g/L
	其他	≤ 250 g/L

• 在同一个工序内，同时使用的涂料、清洗剂、胶粘剂中 VOCs 含量均符合表 1-6 要求时，排放浓度稳定达标的，相应生产工序可不执行末端治理设施处理效率不应低于 80% 的要求。

表 1-6　汽车整车制造业低 VOCs 含量原辅材料 VOCs 含量限值

原辅材料类别	主要产品类型		限量值
水性涂料	汽车原厂涂料（乘用车、载货汽车）	电泳底漆	≤ 200 g/L
		中涂	≤ 300 g/L
		底色漆	≤ 420 g/L
		本色面漆	≤ 350 g/L
	汽车原厂涂料 [客车（机动车）]	电泳底漆	≤ 200 g/L
		其他底漆	≤ 250 g/L
		中涂	≤ 250 g/L
		底色漆	≤ 380 g/L
		本色面漆	≤ 300 g/L
		清漆	≤ 300 g/L
水基清洗剂	—		≤ 50 g/L

原辅材料类别	主要产品类型	限量值
半水基清洗剂	—	≤ 100 g/L
水基型胶粘剂	聚乙酸乙烯酯类	≤ 50 g/L
	橡胶类	≤ 50 g/L
	聚氨酯类	≤ 50 g/L
	醋酸乙烯 - 乙烯共聚乳液类	≤ 50 g/L
	丙烯酸酯类	≤ 50 g/L
	其他	≤ 50 g/L
本体型胶粘剂	有机硅类	≤ 100 g/kg
	MS 类	≤ 100 g/kg
	聚氨酯类	≤ 50 g/kg
	聚硫类	≤ 50 g/kg
	丙烯酸酯类	≤ 200 g/kg
	环氧树脂类	≤ 100 g/kg
	α- 氰基丙烯酸类	≤ 20 g/kg
	热塑类	≤ 50 g/kg
	其他	≤ 50 g/kg

（2）喷涂工艺

• 宜采用高流量低压力（HVLP）喷涂、静电高速旋杯喷涂、静电辅助的压缩空气喷涂或无气喷涂等高效涂装技术，减少使用手动空气喷涂技术。

• 乘用车宜使用“三涂一烘”“两涂一烘”或免中涂等紧凑型涂装工艺，货车驾驶舱宜采用紧凑型涂装工艺。

• 乘用车、货车驾驶舱宜采用全自动静电悬杯 / 喷枪等喷涂设备喷涂车身内外表面。

2. 过程控制

（1）储存

• 涂料、稀释剂、清洗剂、固化剂、PVC 胶、隔热防震涂料、胶粘剂、密封胶等 VOCs 物料密闭储存。

• 盛装 VOCs 物料的容器或包装袋应存放于室内，或存放于设置有雨棚、遮阳和防渗设施的专用场地。

• 盛装 VOCs 物料的容器或包装袋在非取用状态时应加盖、封口，保持密闭。

• 废涂料、废稀释剂、废清洗剂、废活性炭等含 VOCs 废料（渣、液），以及 VOCs 物料废包装物等危险废物应密封储存于危险废物储存间。

（2）转移和输送

• VOCs 物料转移和输送应采用密闭管道或密闭容器等。

• 宜使用集中供漆系统，主色系涂料宜设单独的涂料罐、供给泵及单独的输送管线；其他色系涂料可共用输送管线，并配备清洗系统；颜色较多的鼓励使用走珠系统结合快速换色阀块，减少换色时涂料的浪费。

• 宜缩短涂料输送线的长度。

（3）调配

• 涂料、稀释剂等 VOCs 物料的调配过程应采用密闭设备或在密闭空间内操作，废气应排至 VOCs 废气收集处理系统；无法密闭的，应采取局部气体收集措施，废气应排至 VOCs 废气收集处理系统。

• 宜设置专门的密闭调配间。

• 批量、连续生产的涂装生产线，宜使用全密闭自动调配装置进计量、搅拌和调配；间歇、小批量的涂装生产线，宜减少现场调配和待用时间；调漆宜采用排气柜或集气罩收集废气。

（4）电泳

• 电泳过程应在密闭空间内操作，宜严格控制电泳槽液 VOCs 含量，废气宜排至 VOCs 废气收集处理系统；无法密闭的，宜采取局部气体收集措施，废气排至 VOCs 废气收集处理系统。

（5）喷涂

• 中涂漆、色漆（面漆）、罩光清漆等喷涂过程应在密闭空间内操作，废气应排至 VOCs 废气收集处理系统；无法密闭的，应采取局部气体收集措施，废气应排至 VOCs 废气收集处理系统。

• 新建线宜建设干式喷漆房，使用全自动喷涂设备，采用循环风工艺；使用湿式喷漆房时，循环水泵间和刮渣间应密闭，废气应排至 VOCs 废气收集处理系统。

• 宜使用油漆回流系统，喷涂时精确控制油漆用量。

（6）流平（含闪干）

• 流平过程应在密闭空间内操作，废气应排至 VOCs 废气收集处理系统；无法密闭的，应采取局部气体收集措施，废气应排至 VOCs 废气收集处理系统。

• 禁止在流平过程中通过安装大风量风扇或其他通风措施故意稀释排放。

（7）烘干

• 烘干过程应在密闭空间内操作，废气应排至 VOCs 废气收集处理系统。

• 烘干废气不宜与喷涂、流平废气混合收集处理。

（8）清洗

• 清洗过程应采用密闭设备或在密闭空间内操作，废气应排至 VOCs 废气收集处理系统；无法密闭的，应采取局部气体收集措施，废气应排至 VOCs 废气收集处理系统。

• 使用多种颜色漆料的，宜设置分色区，相同颜色集中喷涂，减少换色清洗频次和清洗溶剂消耗量。

• 喷枪、喷嘴、管线等清洗时，宜根据色漆颜色清洗难易程度，调整清洗剂用量。

• 宜设置单独的滑橇、挂具等配件密闭清洗间。

• 线上清洗时，应在喷涂工位配置溶剂回收系统。

（9）涂胶、点补、注蜡

• 点补应在密闭空间内操作，废气应排至 VOCs 废气收集处理系统；

无法密闭的，应采取局部气体收集措施，废气应排至 VOCs 废气收集处理系统。

• 涂胶、注蜡等工序无法实现局部密闭的，应在喷涂工位配置废气收集系统。

（10）回收

• 涂装作业结束时，除集中供漆外，应将所有剩余的 VOCs 物料密闭储存，送回至调配间或储存间。

• 使用走珠供漆系统时，换色过程宜将管内未使用的油漆回流至密闭分离模块或调漆模块，进行回收或回用，不同种类、颜色的油漆分开设置分离模块。

（11）非正常工况

• VOCs 废气收集处理系统发生故障或检修时，对应的生产工艺设备应停止运行，待检修完毕后同步投入使用；生产工艺设备不能停止运行或不能及时停止运行的，应设置废气应急处理设施或采取其他替代措施。

3. 末端治理

（1）电泳

• 宜采取合适的治理技术处理电泳车间废气。

• 电泳烘干废气宜采用热力焚烧 / 催化燃烧或其他等效方式处置。

（2）喷涂、流平

• 应设置高效漆雾处理装置，宜采用文丘里 / 水旋湿法漆雾捕集 + 多级干式过滤除湿联合装置、静电漆雾捕集等装置，新建线宜采用干式漆雾捕集过滤系统。

• 喷涂、流平废气宜采用吸附浓缩 + 燃烧或其他等效方式处置，小风量低浓度或不适宜浓缩脱附的可采用一次性活性炭吸附等工艺。

（3）烘干

• 烘干废气宜采用热力焚烧 / 催化燃烧或其他等效方式单独处理，具备条件的可采用回收式热力燃烧装置。

（4）调配

• 调配废气宜采用吸附方式或其他等效方式处置。

• 调配废气可与喷涂废气一并处理。

（5）线下清洗、涂胶、点补、注蜡

• 线下清洗、涂胶、点补、注蜡等废气宜采用吸附方式或其他等效方式处置。

（6）非正常工况

• 应记录污染防治设施非正常情况信息。

4. 排放限值

• 满足《大气污染物综合排放标准》（GB 16297—1996）、《挥发性有机物无组织排放控制标准》（GB 37822—2019），有更严格地方标准的，执行地方标准。

5. 监测监控

• 严格执行《排污许可证申请与核发技术规范　汽车制造业》（HJ 971—2018）、《排污单位自行监测技术指南　涂装》（HJ 1086—2020）等规定的自行监测管理要求。

• 纳入重点排污单位名录的，排污许可证中规定的主要排污口安装自动监控设施。

• 限产、停产、检修等非正常工况下，应保证自动监控设施正常运行。

6. 台账记录

（1）生产设施运行管理信息

• 产品产量信息：主要产品名称及其产量、涂装总面积等，每天记录1次。

• 原辅材料信息：涂料、稀释剂、清洗剂、固化剂、PVC胶、隔热防震涂料、胶粘剂、密封胶等含VOCs原辅材料的名称及其VOCs含量检测报告，使用量、采购量、库存量，含VOCs原辅材料回收方式及回收量等。按照批次记录，每批次记录1次。

（2）污染治理设施运行管理信息

• 有组织废气治理设施：按照生产班制记录，每班记录 1 次。具体内容参见第 3 部分中的“三、治理设施台账记录”要求。

• 无组织废气排放控制：无组织排放源以及控制措施运行、维护、管理等信息，记录频次原则上不低于 1 次 / 天。

• 非正常工况：设施名称及编号、起止时间、VOCs 排放浓度、非正常原因、应对措施、是否报告等信息，记录频次为 1 次 / 非正常情况期。

（二）家具制造业

木质家具制造业生产工艺与 VOCs 排放环节见图 1-18、软体家具制造业生产工艺与 VOCs 排放环节见图 1-19、金属家具制造业非粉末涂料喷涂生产工艺与 VOCs 排放环节见图 1-20。

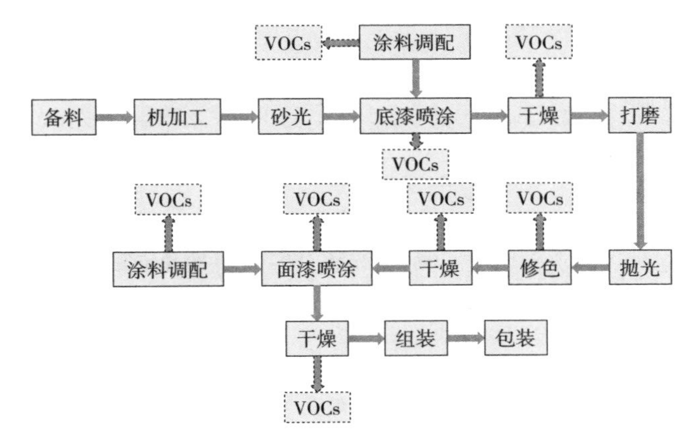

图 1-18　木质家具制造业生产工艺与 VOCs 排放环节示意

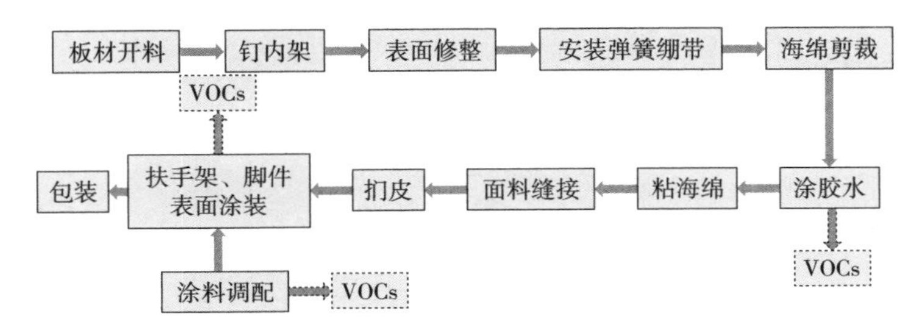

图 1-19　软体家具制造业生产工艺与 VOCs 排放环节示意

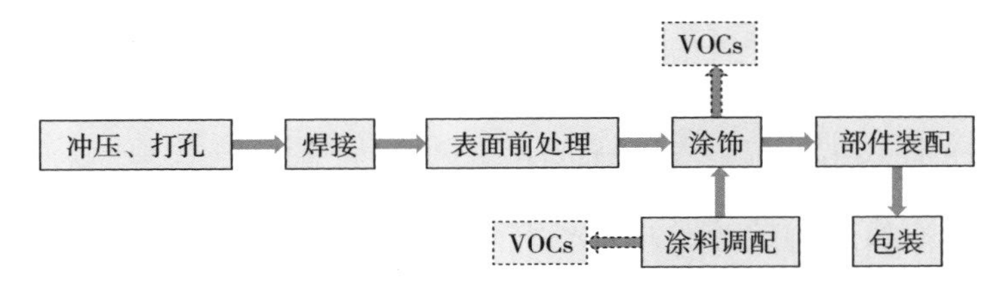

图 1-20　金属家具制造业非粉末涂料喷涂生产工艺与 VOCs 排放环节示意

1. 源头削减

（1）含 VOCs 原辅材料

• 2020 年 12 月 1 日起使用的涂料、清洗剂、胶粘剂中 VOCs 含量的限值应符合表 1-7 的要求。

表 1-7　家具制造业原辅材料 VOCs 含量限值

原辅材料类别	主要产品类型		限量值
粉末木器涂料	—		—
辐射固化木器涂料（含腻子）	水性		≤ 250 g/L
	非水性		≤ 420 g/L
水性木器涂料（含腻子）	色漆		≤ 250 g/L
	清漆		≤ 300 g/L
溶剂型木器涂料（含腻子）	聚氨酯类	面漆 [光泽（60°）≥ 80 单位值]	≤ 550 g/L
		面漆 [光泽（60°）＜ 80 单位值]	≤ 650 g/L
		底漆	≤ 600 g/L
	硝基类（限工厂化涂装使用）		≤ 700 g/L
	醇酸类		≤ 450 g/L
	不饱和聚酯类		≤ 420 g/L
水基清洗剂	—		≤ 50 g/L
半水基清洗剂	—		≤ 300 g/L
有机溶剂清洗剂	—		≤ 900 g/L
水基型胶粘剂	聚乙酸乙烯酯类		≤ 100 g/L
	橡胶类		≤ 100 g/L
	聚氨酯类		≤ 50 g/L
	醋酸乙烯 - 乙烯共聚乳液类		≤ 50 g/L
	丙烯酸酯类		≤ 50 g/L
	其他		≤ 50 g/L

原辅材料类别	主要产品类型	限量值
本体型胶粘剂	有机硅类	≤ 100 g/kg
	MS 类	≤ 50 g/kg
	聚氨酯类	≤ 50 g/kg
	聚硫类	≤ 50 g/kg
	环氧树脂类	≤ 50 g/kg
	α- 氰基丙烯酸类	≤ 20 g/kg
	热塑类	≤ 50 g/kg
	其他	≤ 50 g/kg
溶剂型胶粘剂	氯丁橡胶类	≤ 600 g/L
	苯乙烯 - 丁二烯 - 苯乙烯嵌段共聚物橡胶类	≤ 500 g/L
	聚氨酯类	≤ 400 g/L
	丙烯酸酯类	≤ 510 g/L
	其他	≤ 400 g/L

• 在同一个工序内，同时使用的涂料、清洗剂、胶粘剂中 VOCs 含量均符合表 1-8 要求时，且排放浓度稳定达标的，相应生产工序可不执行末端治理设施处理效率不应低于 80% 的要求。

表 1-8 家具制造业低 VOCs 含量原辅材料 VOCs 含量限值

原辅材料类别	主要产品类型		限量值
粉末涂料	—		—
无溶剂涂料	—		≤ 60 g/L
辐射固化涂料	金属基材与塑胶基材	喷涂	≤ 350 g/L
		其他	≤ 100 g/L

原辅材料类别	主要产品类型		限量值
辐射固化涂料	木质基材	水性	≤ 200 g/L
		非水性	≤ 100 g/L
水性木器涂料	色漆		≤ 220 g/L
	清漆		≤ 270 g/L
水基清洗剂	—		≤ 50 g/L
半水基清洗剂	—		≤ 100 g/L
水基型胶粘剂	聚乙酸乙烯酯类		≤ 100 g/L
	橡胶类		≤ 100 g/L
	聚氨酯类		≤ 50 g/L
	醋酸乙烯 - 乙烯共聚乳液类		≤ 50 g/L
	丙烯酸酯类		≤ 50 g/L
	其他		≤ 50 g/L
本体型胶粘剂	有机硅类		≤ 100 g/kg
	MS 类		≤ 50 g/kg
	聚氨酯类		≤ 50 g/kg
	聚硫类		≤ 50 g/kg
	环氧树脂类		≤ 50 g/kg
	α- 氰基丙烯酸类		≤ 20 g/kg
	热塑类		≤ 50 g/kg
	其他		≤ 50 g/kg

（2）喷涂工艺

• 宜采用往复式喷涂箱、辊涂、淋涂、机械手、静电喷涂等高效涂装技术，减少使用手动空气喷涂技术。

• 木质家具宜使用高效的往复式喷涂箱、机械手和静电喷涂等技术。

• 酚醛板家具宜使用粉末静电喷涂等技术；其他板式家具宜采用辊涂、淋涂、往复式喷涂箱等高效涂装技术。

2. 过程控制

（1）储存

• 擦色剂、稀释剂、固化剂、胶粘剂、清洗剂、涂料、腻子等VOCs物料应密闭储存。

• 盛装VOCs物料的容器或包装袋应存放于室内，或存放于设置有雨棚、遮阳和防渗设施的专用场地。

• 盛装VOCs物料的容器或包装袋在非取用状态时应加盖、封口，保持密闭。

• 废涂料、废胶粘剂、废清洗剂、废活性炭等含VOCs废料（渣、液），以及VOCs物料废包装物等危险废物应密封储存于危险废物储存间。

（2）转移和输送

• VOCs物料转移和输送应采用密闭管道或密闭容器等。

• 宜使用集中供漆、供胶系统。

（3）施胶

• 施胶过程应在密闭空间内操作，废气应排至VOCs废气收集处理系统；无法密闭的，应采取局部气体收集措施，废气应排至VOCs废气收集处理系统。

（4）调配

• 涂料、胶粘剂等VOCs物料的调配应采用密闭设备或在密闭空间内操作，废气应排至VOCs废气收集处理系统；无法密闭的，应采取局部气体收集措施，废气应排至VOCs废气收集处理系统。

• 宜设置专门的密闭调配间。

（5）喷涂

• 底漆、面漆、擦色等喷涂或涂饰过程应在密闭空间内操作，废气应排至 VOCs 废气收集处理系统；无法密闭的，应采取局部气体收集措施，废气应排至 VOCs 废气收集处理系统。

• 使用水性涂料的宜建设干式喷漆房；使用湿式喷漆房时，循环水泵槽 / 池和刮渣间应密闭，废气应排至 VOCs 废气收集处理系统。

（6）流平

• 流平过程应在密闭空间内操作，废气应排至 VOCs 废气收集处理系统；无法密闭的，应采取局部气体收集措施，废气应排至 VOCs 废气收集处理系统。

• 禁止在流平过程中通过安装大风量风扇或其他通风措施故意稀释排放。

（7）干燥

• 干燥（烘干、风干、晾干等）过程应采用密闭设备或在密闭空间内进行，废气应排至 VOCs 废气收集处理系统；无法密闭的，应采取局部气体收集措施，废气应排至 VOCs 废气收集处理系统。

• 温度较高的烘干废气不宜与喷涂、流平废气混合收集处理。

（8）清洗

• 清洗过程应采用密闭设备或在密闭空间内操作，废气应排至 VOCs 废气收集处理系统；无法密闭的，应采取局部气体收集措施，废气应排至 VOCs 废气收集处理系统。

• 沾染清洗剂的废抹布应放入密闭容器。

• 宜设置专门的密闭清洗间。

• 宜根据工作流程标准化清洗剂的使用量。

（9）退料

• 退净残存物料，并用密闭容器盛装。

• 退料过程应采用密闭设备或在密闭空间内操作，废气应排至 VOCs 废气收集处理系统；无法密闭的，应采取局部气体收集措施，废气应排至 VOCs 废气收集处理系统。

（10）回收

• 涂装作业结束时，除集中供漆外，应将所有剩余的 VOCs 物料密闭储存，送回调配间或储存间。

• 对于辊涂、往复式喷涂箱等涂料可回收的喷涂工艺设备，在喷涂作业中宜设立涂料回收装置，回收过喷的涂料，回收的涂料宜重新用于生产中。

（11）非正常工况

• VOCs 废气收集处理系统发生故障或检修时，对应的生产工艺设备应停止运行，待检修完毕后同步投入使用；生产工艺设备不能停止运行或不能及时停止运行的，应设置废气应急处理设施或采取其他替代措施。

3. 末端治理

（1）施胶

• 溶剂型胶粘剂的施胶废气宜采用吸附浓缩 + 燃烧 / 催化氧化或其他等效方式处置。

（2）喷涂、干燥（烘干、风干、晾干等）

• 应设置高效漆雾处理装置，宜采用湿式水帘 + 多级干式过滤除湿联合装置，新建线宜采用干式漆雾捕集过滤系统。

• 水性涂料集中自动化喷涂及溶剂型涂料的喷涂、干燥（烘干、风干、晾干等）废气宜采用吸附浓缩 + 燃烧 / 催化氧化或其他等效方式处置，小风量、低浓度或不适宜浓缩脱附的废气可采用一次性活性炭吸附等工艺。

• 温度较高的烘干废气可单独处理，具备条件的可采用回收式热力燃烧装置。

（3）调配、流平

• 调配废气宜采用吸附方式或其他等效方式处置。

• 调配、流平废气可与喷涂、晾（风）干废气一并处理。

（4）清洗

• 线上设备清洗废气宜与喷涂废气一并处理。

• 线下设备清洗废气宜采用吸附方式或其他等效方式处置。

（5）非正常工况

• 应记录污染防治设施非正常情况信息。

4. 排放限值

• 满足《大气污染物综合排放标准》（GB 16297—1996）、《挥发性有机物无组织排放控制标准》（GB 37822—2019），有更严格地方标准的，执行地方标准。

5. 监测监控

• 严格执行《排污许可证申请与核发技术规范　家具制造工业》（HJ 1027—2019）、《排污单位自行监测技术指南　涂装》（HJ 1086—2020）等规定的自行监测管理要求。

• 纳入重点排污单位名录的，排污许可证中规定的主要排污口安装自动监控设施。

• 限产、停产、检修等非正常工况下，应保证自动监控设施正常运行。

6. 台账记录

（1）生产设施运行管理信息

• 产品产量信息：主要产品名称及其产量、涂装总面积（有设计参数的）等。连续性生产按照批次记录，每批次记录 1 次；周期性生产按照周期记录，周期小于 1 天的按照 1 天记录。

• 原辅材料信息：擦色剂、稀释剂、固化剂、胶粘剂、清洗剂、涂料、腻子等含 VOCs 原辅材料的名称及其 VOCs 含量检测报告，使用量，采购量，库存量，含 VOCs 原辅材料回收方式及回收量等。按照批次记录，每批次记录 1 次。

（2）污染治理设施运行管理信息

• 有组织废气治理设施：按照生产班制记录，每班记录 1 次。具体内容参见第 3 部分中的“三、治理设施台账记录”要求。

• 无组织废气排放控制：无组织排放源以及控制措施运行、维护、管理等信息，记录频次原则上不低于 1 次 / 天。

• 非正常工况：设施名称及编号、起止时间、VOCs 排放浓度、非正常原因、应对措施、是否报告等信息，记录频次为 1 次 / 非正常情况期。

（三）工程机械整机制造业

工程机械整机制造业生产工艺与 VOCs 排放环节见图 1-21。

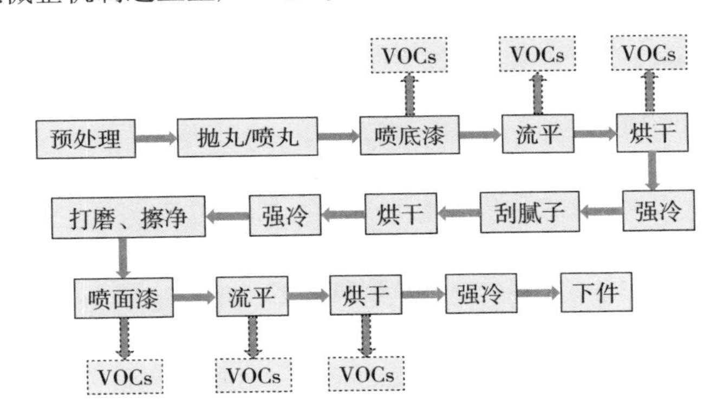

图 1-21 工程机械整机制造业生产工艺与 VOCs 排放环节示意

1. 源头削减

（1）含 VOCs 原辅材料

• 2020 年 12 月 1 日起使用的涂料、清洗剂、胶粘剂中 VOCs 含量的限值应符合表 1-9 的要求。

表 1-9 工程机械整机制造业原辅材料 VOCs 含量限值

原辅材料类别	主要产品类型	限量值
粉末涂料	—	—
无溶剂涂料	—	≤ 100 g/L
水性涂料	底漆	≤ 300 g/L
	中涂	≤ 300 g/L
	面漆	≤ 420 g/L
	清漆	≤ 420 g/L

原辅材料类别	主要产品类型	限量值
溶剂型涂料	底漆	≤ 540 g/L
	中涂	≤ 540 g/L
	面漆	≤ 550 g/L
	清漆	≤ 550 g/L
水基清洗剂	—	≤ 50 g/L
半水基清洗剂	—	≤ 300 g/L
有机溶剂清洗剂	—	≤ 900 g/L
水基型胶粘剂	聚乙酸乙烯酯类	≤ 100 g/L
	橡胶类	≤ 100 g/L
	聚氨酯类	≤ 50 g/L
	醋酸乙烯 - 乙烯共聚乳液类	≤ 50 g/L
	丙烯酸酯类	≤ 50 g/L
	其他	≤ 50 g/L
本体型胶粘剂	有机硅类	≤ 100 g/kg
	MS 类	≤ 100 g/kg
	聚氨酯类	≤ 50 g/kg
	聚硫类	≤ 50 g/kg
	丙烯酸酯类	≤ 200 g/kg
	环氧树脂类	≤ 100 g/kg
	α- 氰基丙烯酸类	≤ 20 g/kg
	热塑类	≤ 50 g/kg
	其他	≤ 50 g/kg
溶剂型胶粘剂	氯丁橡胶类	≤ 600 g/L
	苯乙烯 - 丁二烯 - 苯乙烯嵌段共聚物橡胶类	≤ 550 g/L
	聚氨酯类	≤ 250 g/L

原辅材料类别	主要产品类型	限量值
溶剂型胶粘剂	丙烯酸酯类	≤ 510 g/L
	其他	≤ 250 g/L

• 在同一个工序内，同时使用的涂料、清洗剂、胶粘剂中 VOCs 含量均符合表 1-10 要求时，排放浓度稳定达标的，相应生产工序可不执行末端治理设施处理效率不应低于 80% 的要求。

表 1-10　工程机械整机制造业低 VOCs 含量原辅材料 VOCs 含量限值

原辅材料类别	主要产品类型		限量值
粉末涂料	—		—
无溶剂涂料	—		≤ 100 g/L
水性涂料	底漆		≤ 250 g/L
	中涂		≤ 250 g/L
	面漆		≤ 300 g/L
	清漆		≤ 300 g/L
溶剂型涂料	底漆		≤ 420 g/L
	中涂		≤ 420 g/L
	面漆	单组分	≤ 480 g/L
		双组分	≤ 420 g/L
	清漆	单组分	≤ 480 g/L
		双组分	≤ 420 g/L
水基清洗剂	—		≤ 50 g/L
半水基清洗剂	—		≤ 300 g/L
水基型胶粘剂	聚乙酸乙烯酯类		≤ 100 g/L
	橡胶类		≤ 100 g/L

原辅材料类别	主要产品类型	限量值
水基型胶粘剂	聚氨酯类	≤ 50 g/L
	醋酸乙烯 - 乙烯共聚乳液类	≤ 50 g/L
	丙烯酸酯类	≤ 50 g/L
	其他	≤ 50 g/L
本体型胶粘剂	有机硅类	≤ 100 g/kg
	MS 类	≤ 100 g/kg
	聚氨酯类	≤ 50 g/kg
	聚硫类	≤ 50 g/kg
	丙烯酸酯类	≤ 200 g/kg
	环氧树脂类	≤ 100 g/kg
	α- 氰基丙烯酸类	≤ 20 g/kg
	热塑类	≤ 50 g/kg
	其他	≤ 50 g/kg

（2）喷涂工艺

• 除大型起重机局部修补等大型工件特殊作业外，禁止敞开式喷涂、晾（风）干作业。

• 大件喷涂可采用组件拆分、分段喷涂方式，兼用滑轨运输、可移动喷涂房等装备。

• 宜采用自动喷涂、静电喷涂或无气喷涂等高效涂装技术，减少使用手动空气喷涂技术。

• 宜采用免中涂等紧凑型或免本色面漆等涂装工艺。

2. 过程控制

（1）储存

• 涂料、固化剂、稀释剂、清洗剂、胶粘剂、密封胶等 VOCs 物料应密闭储存。

• 盛装 VOCs 物料的容器或包装袋应存放于室内，或存放于设置有雨棚、遮阳和防渗设施的专用场地。

• 盛装 VOCs 物料的容器或包装袋在非取用状态时应加盖、封口，保持密闭。

• 废涂料、废稀释剂、废清洗剂、废活性炭等含 VOCs 废料（渣、液），以及 VOCs 物料废包装物等危险废物应密封储存于危险废物储存间。

（2）转移和输送

• VOCs 物料转移和输送应采用密闭管道或密闭容器等。

• 宜采用集中供漆系统。

（3）调配

• 涂料、稀释剂等 VOCs 物料的调配过程应采用密闭设备或在密闭空间内操作，废气应排至 VOCs 废气收集处理系统；无法密闭的，应采取局部气体收集措施，废气应排至 VOCs 废气收集处理系统。

• 宜设置专门的密闭调配间。

• 宜采用自动调漆系统。

（4）喷涂

• 底漆、面漆等喷涂过程应在密闭空间内操作，废气应排至 VOCs 废气收集处理系统；无法密闭的，应采取局部气体收集措施，废气应排至 VOCs 废气收集处理系统。

• 新建线宜建设干式喷漆房，采用自动化涂装设备；使用湿式喷漆房时，循环水泵间和刮渣间应密闭，废气应排至 VOCs 废气收集处理系统。

• 涂装车间应根据相应的技术规范设计送排风速率，禁止通过加大送排风量或其他通风措施故意稀释排放。

• 宜实施工料定额管理。

（5）流平

• 流平过程应在密闭空间内操作，废气应排至 VOCs 废气收集处理系统；无法密闭的，应采取局部气体收集措施，废气应排至 VOCs 废气收集处理系统。

• 禁止在流平过程中通过安装大风量风扇或其他通风措施故意稀释排放。

（6）干燥

• 干燥（烘干、风干、晾干等）过程应在密闭空间内操作，废气应排至 VOCs 废气收集处理系统；无法密闭的，应采取局部气体收集措施，废气应排至 VOCs 废气收集处理系统。

• 烘干废气不宜与喷涂、流平废气混合收集处理。

（7）清洗

• 清洗过程应采用密闭设备或在密闭空间内操作，废气应排至 VOCs 废气收集处理系统；无法密闭的，应采取局部气体收集措施，废气应排至 VOCs 废气收集处理系统。

• 宜设置喷枪等设备专门的密闭清洗间。

• 宜设置自动清洗供漆管路系统。

（8）补漆

• 补漆过程应在密闭空间内操作，废气应排至 VOCs 废气收集处理系统；无法密闭的，应采取局部气体收集措施，废气应排至 VOCs 废气收集处理系统。

（9）回收

• 涂装作业结束时，除集中供漆外，应将所有剩余的 VOCs 物料密闭储存，送回至调配间或储存间。

• 宜设置废溶剂密闭回收系统。

（10）非正常工况

• VOCs 废气收集处理系统发生故障或检修时，对应的生产工艺设备应停止运行，待检修完毕后同步投入使用；生产工艺设备不能停止运行或不能及时停止运行的，应设置废气应急处理设施或采取其他替代措施。

3. 末端治理

（1）喷涂、晾（风）干

• 应设置高效漆雾处理装置，宜采用文丘里 / 水旋 / 水幕湿法漆雾捕集 + 多级干式过滤除湿联合装置，新建线宜采用干式漆雾捕集过滤系统。

• 喷涂、晾（风）干废气宜采用吸附浓缩 + 燃烧或其他等效方式处置，小风量低浓度或不适宜浓缩脱附的废气可采用一次性活性炭吸附等工艺。

（2）烘干

• 烘干废气宜采用热力焚烧 / 催化燃烧或其他等效方式处置。

• 使用溶剂型涂料的生产线，烘干废气宜单独处理，具备条件的可采用回收式热力燃烧装置。

（3）调配、流平

• 调配废气宜采用吸附方式或其他等效方式处置。

• 调配、流平废气可与喷涂、晾（风）干废气一并处理。

（4）线下清洗、补漆

• 线下清洗、补漆废气宜采用吸附方式或其他等效方式处置。

（5）非正常工况

• 应记录污染防治设施非正常情况信息。

4. 排放限值

• 满足《大气污染物综合排放标准》（GB 16297—1996）、《挥发性有机物无组织排放控制标准》（GB 37822—2019），有更严格地方标准的，执行地方标准。

5. 监测监控

• 严格执行《排污许可证申请与核发技术规范　总则》（HJ 942—2018）、《排污单位自行监测技术指南　涂装》（HJ 1086—2020）等规定的自行监测管理要求。

• 纳入重点排污单位名录的，排污许可证中规定的主要排污口安装自动监控设施。

• 限产、停产、检修等非正常工况下，应保证自动监控设施正常运行。

6. 台账记录

（1）生产设施运行管理信息

• 产品产量信息：主要产品名称及其产量、涂装总面积（有设计数模面积或涂装面积的）等。连续性生产按照批次记录，每批次记录 1 次；周期性生产按照周期记录，周期小于 1 天的按照 1 天记录。

• 原辅材料信息：涂料、固化剂、稀释剂、清洗剂、胶粘剂、密封胶等含 VOCs 原辅材料的名称及其 VOCs 含量检测报告，使用量，采购量，库存量，含 VOCs 原辅材料回收方式及回收量等。按照批次记录，每批次记录 1 次。

（2）污染治理设施运行管理信息

• 有组织废气治理设施：按照生产班制记录，每班记录 1 次。具体内容参见第 3 部分中的“三、治理设施台账记录”要求。

• 无组织废气排放控制：无组织排放源以及控制措施运行、维护、管理等信息，记录频次原则上不低于 1 次 / 天。

• 非正常工况：设施名称及编号、起止时间、VOCs 排放浓度、非正常原因、应对措施、是否报告等信息，记录频次为 1 次 / 非正常情况期。

（四）其他工业涂装

工业涂装是指为保护或装饰加工对象，在加工对象表面覆以涂料膜层的生产过程。工业涂装过程中的 VOCs 主要产生于调漆、喷漆、流平、烘干、清洗等涂装工序，主要来源于涂料、稀释剂、清洗剂、固化剂、胶粘剂、密封胶等含 VOCs 原辅材料的使用及挥发逸散。其中，汽车整车、家具、工程机械整机 3 个制造业参见相应行业技术指南。

1. 源头削减

（1）含 VOCs 原辅材料

• 使用的涂料、清洗剂、胶粘剂中 VOCs 含量的限值应符合 2020 年 7 月 1 日起实施的《船舶涂料中有害物质限量》（GB 38469—2019）以及 2020 年 12 月 1 日起实施的《木器涂料中有害物质限量》（GB 18581—2020）、《车辆涂料中有害物质限量》（GB 24409—2020）、《工业防护涂料中有害物质限量》（GB 30981—2020）、《胶粘剂挥发性有机化合物限量》（GB 33372—2020）、《清洗剂挥发性有机化合物含量限值》（GB 38508—2020）等标准的要求。

• 在同一个工序内，同时使用符合《低挥发性有机化合物含量涂料产品技术要求》（GB/T 38597—2020）规定的粉末、水性、无溶剂、辐射固化涂料产品，符合《清洗剂挥发性有机化合物含量限值》（GB 38508—2020）规定的水基、半水基清洗剂产品，符合《胶粘剂挥发性有机化合物限量》（GB 33372—2020）规定的水基型、本体型胶粘剂产品时，排放浓度稳定达标的，相应生产工序可不执行末端治理设施处理效率不应低于 80% 的要求。

（2）喷涂工艺

• 除大型工件特殊作业（如船舶制造行业的分段总组、船台、船坞、造船码头等涂装工序）外，禁止敞开式喷涂、晾（风）干作业。

• 大件喷涂可采用组件拆分、分段喷涂方式，兼用滑轨运输、可移动喷涂房等装备。

• 宜采用静电喷涂、自动喷涂、高压无气喷涂或高流量低压力（HVLP）喷枪等高效涂装技术，减少使用手动空气喷涂技术。

2. 过程控制

（1）储存

涂料、稀释剂、清洗剂、固化剂、胶粘剂、密封胶等 VOCs 物料密闭储存。

• 盛装 VOCs 物料的容器或包装袋应存放于室内，或存放于设置有雨棚、遮阳和防渗设施的专用场地。

• 盛装 VOCs 物料的容器或包装袋在非取用状态时应加盖、封口，保持密闭。

• 废涂料、废稀释剂、废清洗剂、废活性炭等含 VOCs 废料（渣、液），以及 VOCs 物料废包装物等危险废物应密封储存于危险废物储存间。

（2）转移和输送

• VOCs 物料转移和输送应采用密闭管道或密闭容器等。

• 宜采用集中供漆系统。

（3）调配

• 涂料、稀释剂等 VOCs 物料的调配过程应采用密闭设备或在密闭空间内操作，废气应排至 VOCs 废气收集处理系统；无法密闭的，应采取局部气体收集措施，废气应排至 VOCs 废气收集处理系统。

• 宜设置专门的密闭调配间。

（4）喷涂

• 喷涂过程应采用密闭设备或在密闭空间内操作，废气应排至 VOCs 废气收集处理系统；无法密闭的，应采取局部气体收集措施，废气应排至 VOCs 废气收集处理系统。

• 新建线宜建设干式喷漆房，鼓励使用全自动喷漆和循环风工艺；使用湿式喷漆房时，循环水泵间和刮渣间应密闭，废气应排至 VOCs 废气收集处理系统。

• 涂装车间应根据相应的技术规范设计送排风速率，禁止通过加大送排风量或其他通风措施故意稀释排放。

（5）流平

• 流平过程应在密闭空间内操作，废气应排至 VOCs 废气收集处理系统；无法密闭的，应采取局部气体收集措施，废气应排至 VOCs 废气收集处理系统。

• 禁止在流平过程中通过安装大风量风扇或其他通风措施故意稀释排放。

（6）干燥

• 干燥（烘干、风干、晾干等）过程应在密闭空间内操作，废气应排至 VOCs 废气收集处理系统；无法密闭的，应采取局部气体收集措施，废气应排至 VOCs 废气收集处理系统。

• 温度较高的烘干废气不宜与喷涂、流平废气混合收集处理。

（7）清洗

• 设备清洗应采用密闭设备或在密闭空间内操作，换色清洗应在密闭空间内操作，产生的废气应排至 VOCs 废气收集处理系统；无法密闭的，应采取局部气体收集措施，废气应排至 VOCs 废气收集处理系统。

• 使用多种颜色漆料的，宜设置分色区，相同颜色集中喷涂，减少换色清洗频次和清洗溶剂消耗量。

（8）回收

• 涂装作业结束时，除集中供漆外，应将所有剩余的 VOCs 物料密闭储存，送回至调配间或储存间。

• 设备清洗和换色过程产生的废清洗溶剂宜采用密闭回收废溶剂系统进行回收。

（9）非正常工况

• VOCs 废气收集处理系统发生故障或检修时，对应的生产工艺设备应停止运行，待检修完毕后同步投入使用；生产工艺设备不能停止运行或不能及时停止运行的，应设置废气应急处理设施或采取其他替代措施。

3. 末端治理

（1）喷涂、晾（风）干

• 应设置高效漆雾处理装置，宜采用文丘里 / 水旋 / 水幕湿法漆雾捕集 + 多级干式过滤除湿联合装置，新建线宜采用干式漆雾捕集过滤系统。

• 喷涂、晾（风）干废气宜采用吸附浓缩 + 燃烧或其他等效方式处置，小风量低浓度或不适宜浓缩脱附的废气可采用一次性活性炭吸附等工艺。

（2）烘干

• 烘干废气宜采用热力焚烧 / 催化燃烧或其他等效方式处置。

• 使用溶剂型涂料的生产线，烘干废气宜单独处理，具备条件的可采用回收式热力燃烧装置。

（3）调配、流平（含闪干）

• 调配废气宜采用吸附方式或其他等效方式处置。

• 调配、流平废气可与喷涂、晾（风）干废气一并处理。

（4）清洗

• 清洗废气宜采用吸附方式或其他等效方式处置。

（5）非正常工况

• 应记录污染防治设施非正常情况信息。

4. 排放限值

• 满足《大气污染物综合排放标准》（GB 16297—1996）、《挥发性有机物无组织排放控制标准》（GB 37822—2019），有更严格地方标准的，执行地方标准。

5. 监测监控

• 严格执行《排污许可证申请与核发技术规范　总则》（HJ 942—2018）或相关行业规范、《排污单位自行监测技术指南　涂装》（HJ 1086—2020）等规定的自行监测管理要求。

• 纳入重点排污单位名录的，排污许可证中规定的主要排污口应安装自动监控设施。

• 限产、停产、检修等非正常工况下，应保证自动监控设施正常运行。

6. 台账记录

（1）生产设施运行管理信息

• 产品产量信息：主要产品名称及其产量、涂装总面积（有设计数模面积或涂装面积的）等。连续性生产按照批次记录，每批次记录 1 次；周期性生产按照周期记录，周期小于 1 天的按照 1 天记录。

• 原辅材料信息：涂料、稀释剂、清洗剂、固化剂、胶粘剂、密封胶等含 VOCs 原辅材料的名称及其 VOCs 含量检测报告，使用量，采购量，库存量，含 VOCs 原辅材料回收方式及回收量等。按照批次记录，每批次记录 1 次。

（2）污染治理设施运行管理信息

• 有组织废气治理设施：按照生产班制记录，每班记录 1 次。具体内容参见第 3 部分中的“三、治理设施台账记录”要求。

• 无组织废气排放控制：无组织排放源以及控制措施运行、维护、管理等信息，记录频次原则上不低于 1 次 / 天。

• 非正常工况：设施名称及编号、起止时间、VOCs 排放浓度、非正常原因、应对措施、是否报告等信息，记录频次为 1 次 / 非正常情况期。

四、包装印刷行业

包装印刷行业生产工艺与 VOCs 排放环节示图 1-22。

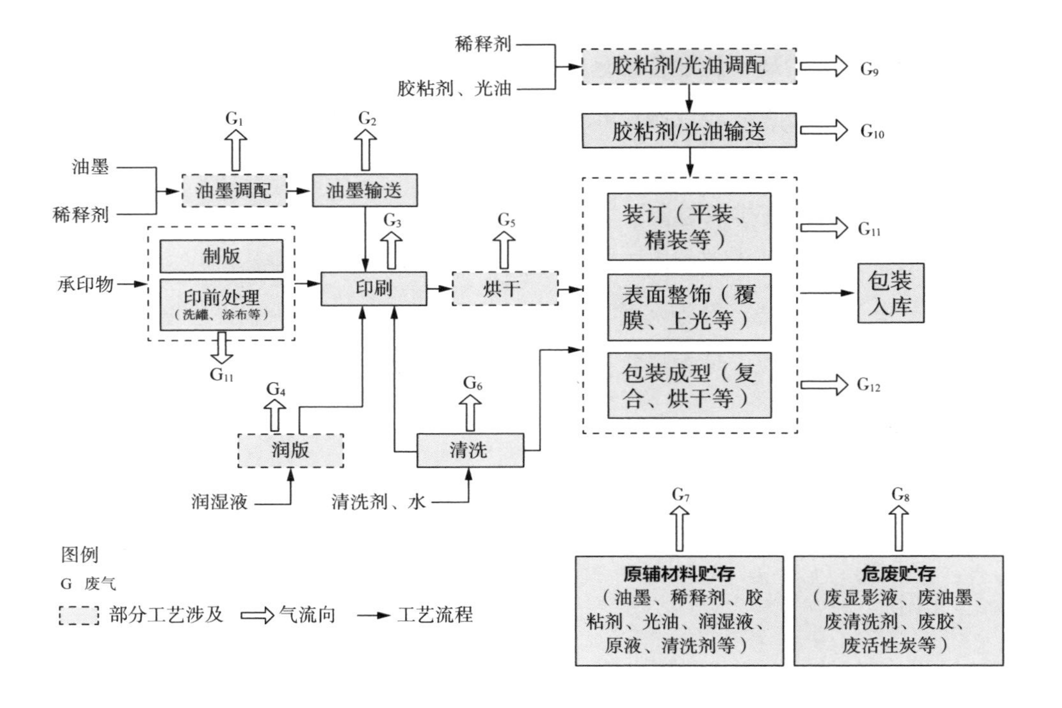

图 1-22　包装印刷行业生产工艺与 VOCs 排放环节示意

（一）塑料包装印刷

1. 源头削减

（1）含 VOCs 原辅材料

• 塑料包装印刷企业在 2021 年 4 月 1 日起使用的油墨中 VOCs 含量应符合表 1-11 的要求，在 2020 年 12 月 1 日起使用的胶粘剂、清洗剂和涂料中 VOCs 含量应符合表 1-11 的要求。

表 1-11　包装印刷行业原辅材料 VOCs 含量限值

原辅材料名称	类型			VOCs 含量限值
油墨	溶剂油墨	凹印油墨		≤ 75%
		柔印油墨		≤ 75%
		喷墨印刷油墨		≤ 95%
		网印油墨		≤ 75%
	胶印油墨	单张胶印油墨		≤ 3%
	水性油墨	凹印油墨	吸收性承印物	≤ 15%
			非吸收性承印物	≤ 30%
		柔印油墨	吸收性承印物	≤ 5%
			非吸收性承印物	≤ 25%
		喷墨印刷油墨		≤ 30%
		网印油墨		≤ 30%
	能量固化油墨	胶印油墨		≤ 2%
		柔印油墨		≤ 5%
		网印油墨		≤ 5%
		喷墨印刷油墨		≤ 10%
		凹印油墨		≤ 10%
胶粘剂	溶剂型胶粘剂	聚氨酯类		≤ 400g/L
		丙烯酸酯类		≤ 510g/L
		其他		≤ 500g/L
	水基型胶粘剂	聚氨酯类		≤ 50g/L
		醋酸乙烯 - 乙烯共聚乳液类		
		丙烯酸酯类		
		其他		
	本体型胶粘剂	聚氨酯类		≤ 50g/L
		其他		
清洗剂	水基清洗剂			≤ 50g/L
	半水基清洗剂			≤ 300g/L
	有机溶剂清洗剂			≤ 900g/L

原辅材料名称	类型			VOCs 含量限值
涂料	水性涂料	辊涂（片材）		≤ 480g/L
		喷涂		≤ 400g/L
	溶剂型涂料	辊涂	卷材	≤ 780g/L
			片材	≤ 680g/L
		喷涂		≤ 750g/L
	无溶剂涂料			≤ 100g/L
	辐射固化涂料	水性	喷涂	≤ 400g/L
			其他	≤ 150g/L
		非水性	喷涂	≤ 500g/L
			其他	≤ 200g/L

• 在同一个工序内，使用的油墨、清洗剂、胶粘剂、涂料等原辅材料均符合表 1-12 中低 VOCs 含量限值要求，排放浓度稳定达标的，相应生产工序可不要求建设末端治理设施，可不执行末端治理设施处理效率不应低于 80% 的要求。在同一个工序内，使用的原辅材料 VOCs 含量均小于 10%，相应生产工序可不要求进行无组织废气收集。

表 1-12　包装印刷行业低 VOCs 含量原辅材料限值

原辅材料名称	类型			VOCs 含量限值
油墨	胶印油墨	单张胶印油墨		≤ 3%
	水性油墨	凹印油墨	吸收性承印物	≤ 15%
			非吸收性承印物	≤ 30%
		柔印油墨	吸收性承印物	≤ 5%
			非吸收性承印物	≤ 25%
		喷墨印刷油墨		≤ 30%
		网印油墨		≤ 30%
	能量固化油墨	胶印油墨		≤ 2%
		柔印油墨		≤ 5%
		网印油墨		≤ 5%
		喷墨印刷油墨		≤ 10%
		凹印油墨		≤ 10%

原辅材料名称	类型		VOCs 含量限值
胶粘剂	水基型胶粘剂	聚氨酯类	≤ 50g/L
		醋酸乙烯 - 乙烯共聚乳液类	
		丙烯酸酯类	
		其他	
	本体型胶粘剂	聚氨酯类	≤ 50g/L
		其他	
清洗剂	水基清洗剂		≤ 50g/L
	半水基清洗剂		≤ 100g/L
涂料	无溶剂涂料		≤ 60g/L
	辐射固化涂料	喷涂	≤ 350g/L
		其他	≤ 100g/L

（2）印刷工艺

• 塑料包装印刷企业宜采用无溶剂复合技术、共挤出复合技术代替干式复合技术。

• 塑料包装印刷产品宜优化设计，在满足产品功能的前提下尽量减少图文部分覆盖比例、印刷色数、墨层厚度及复合层数。

• 新建、改建、扩建项目优先选择柔版印刷、水性凹版印刷、UV 凹版印刷等污染物产生水平较低的印刷工艺。

2. 过程控制

（1）储存

• 油墨、稀释剂、胶粘剂等 VOCs 物料应储存于密闭的容器或包装袋中。

• 盛装 VOCs 物料的容器或包装袋应存放于室内，或存放于设置有雨棚、遮阳和防渗设施的专用场地。盛装 VOCs 物料的容器或包装袋在非取用状态时应加盖、封口，保持密闭。

• 废油墨、废清洗剂、废活性炭、废擦机布等含 VOCs 的危险废物，宜分类放置于贴有标识的容器或包装袋内，加盖、封口，保持密闭，并及时转运、处置，减少在车间或危废库中的存放时间。

（2）调配

• 油墨、胶粘剂等 VOCs 物料的调配过程应采用密闭设备或在密闭空间内操作，废气应排至 VOCs 废气收集处理系统；无法密闭的，应采取局部气体收集措施，废气应排至 VOCs 废气收集处理系统。

（3）输送

• 液态 VOCs 物料应采用密闭管道输送。采用非管道输送方式转移液态 VOCs 物料时，应采用密闭容器。

• 向墨槽中添加油墨或稀释剂时宜采用漏斗或软管等接驳工具，减少供墨过程中 VOCs 的逸散。

（4）印刷

• 印刷过程应在密闭空间内操作，废气应排至 VOCs 废气收集处理系统；无法密闭的，应采取局部气体收集措施，废气应排至 VOCs 废气收集处理系统。

• 使用溶剂型油墨的凹版、凸版印刷工艺宜采用配备封闭刮刀的印刷机，或采取安装墨槽盖板、改变墨槽开口形状等措施，缩小供墨系统敞开液面面积。

• 送风或吸风口应避免正对墨盘，防止溶剂加速挥发。

（5）复合 / 覆膜 / 涂布 / 上光

• 复合、覆膜、涂布及上光过程应在密闭设备或密闭空间内操作，废气应排至 VOCs 废气收集处理系统；无法密闭的，应采取局部气体收集措施，废气应排至 VOCs 废气收集处理系统。

• 使用溶剂型胶粘剂的复合或覆膜工序，宜采取安装胶槽盖板或对复合 / 覆膜机进行局部围挡等措施，减少 VOCs 的逸散。

（6）烘干

• 应提高烘箱的密闭性，减少因烘箱漏风造成的 VOCs 无组织排放。

• 应控制烘箱送风、排风量，使烘箱内部保持微负压。

（7）清洗

• 集中清洗应在密闭设备或密闭空间内操作，废气应排至 VOCs 废气收集处理系统；无法密闭的，应采取局部气体收集措施，废气应排至 VOCs 废气收集处理系统。

• 宜根据生产需要和工作规程，合理控制油墨清洗剂的使用量。

3. 末端治理

（1）凹版印刷

• 溶剂型凹版印刷无组织废气经收集后宜采用“吸附 + 冷凝”“吸附 + 燃烧”或“燃烧”的治理工艺进行处理。目前较为成熟的治理技术路线为“活性炭吸附 + 热氮气再生 + 冷凝回收”“活性炭吸附 / 旋转式分子筛吸附浓缩 +RTO/CO”，或与烘干有组织废气合并后通过“燃烧”工艺处理。

• 溶剂型凹版印刷烘干废气宜采用“吸附 + 冷凝”或“燃烧”的治理工艺进行处理。目前较为成熟的技术路线为“活性炭吸附 + 热氮气再生 + 冷凝回收”“减风增浓 +RTO/CO”。

• 水性凹版印刷及烘干废气宜采用“吸附 + 燃烧”或其他等效方式处理。

（2）柔版印刷

• 溶剂型柔版印刷及烘干废气宜采用“吸附 + 燃烧”的治理工艺进行处理。目前较为成熟的技术路线为“旋转式分子筛吸附浓缩 +RTO”“活性炭吸附 / 旋转式分子筛吸附浓缩 +CO”。

（3）复合

• 干式复合无组织废气经收集后宜采用“吸附 + 冷凝”“吸附 + 燃烧”或“燃烧”的治理工艺进行处理。目前较为成熟的技术路线为“活性炭吸附 + 热氮气再生 + 冷凝回收”“活性炭吸附 / 旋转式分子筛吸附浓缩 +RTO/CO”，或与烘干有组织废气合并后通过“燃烧”工艺处理。

• 干式复合烘干废气宜采用“吸附 + 冷凝”或“燃烧”的治理工艺进

行处理。目前较为成熟的技术路线为“活性炭吸附 + 热氮气再生 + 冷凝回收”“减风增浓 +RTO/CO”。

（4）涂布

• 涂布无组织废气经收集后宜采用“吸附 + 燃烧”或“燃烧”的治理工艺进行处理。目前较为成熟的技术路线为“活性炭吸附 / 旋转式分子筛吸附浓缩 +RTO/CO”，或与烘干有组织废气合并后通过“燃烧”工艺处理。

• 涂布烘干废气宜通过采用“燃烧”的治理工艺进行处理。典型治理技术路线为“减风增浓 +RTO/TO”。

（5）覆膜 / 上光

• 溶剂型覆膜、溶剂型上光及烘干废气宜采用“吸附 + 燃烧”或其他等效方式处理。

（6）其他

• 调配、清洗等工序产生的无组织废气经收集后宜采用“吸附 + 燃烧”或其他等效方式处理，或与印刷、复合、涂布等废气合并处理。

• 间歇式、小风量废气可采用活性炭吸附等治理工艺进行处理，根据 VOCs 处理量、活性炭处理能力等对活性炭进行定期再生或更换。

（7）非正常工况

• VOCs 治理设施发生故障时，或由于非正常工况所产生的废气超出治理设施处理能力时，对应的生产设备或工艺操作应立即停止，敞开的墨槽、胶槽等应采取措施进行封盖，待治理设施或生产设施恢复正常后，再开始生产。

• 做好非正常工况相关记录。

4. 排放限值

• 车间或生产设施排气筒排放的 VOCs 废气，以及厂界、厂区 VOCs 无组织废气应符合《大气污染物综合排放标准》（GB 16297—1996）、《挥发性有机物无组织排放控制标准》（GB 37822—2019）的限值要求；有更严格地方标准的，执行地方标准。

5. 监测监控

• 严格执行《排污许可证申请与核发技术规范　印刷工业》（HJ 1066—2019）规定的自行监测管理要求。

• 纳入重点排污单位名录的，排污许可证中规定的主要排污口安装自动监控设施。

6. 台账记录

（1）生产设施运行管理信息

• 产品产量信息：主要产品产量（不同工艺类型分别统计）。按照订单或班次进行记录，每笔订单或每班次记录 1 次。

• 原辅材料信息：含 VOCs 原辅材料（油墨、胶粘剂、清洗剂、稀释剂、光油、涂料、其他溶剂等）的名称、VOCs 含量、采购量、使用量、库存量，溶剂回收方式及回收量等（不同工艺类型分别统计）。按照购买或回收批次记录，每批次记录 1 次。

（2）污染治理设施运行管理信息

• 有组织废气治理设施：按照生产班制记录，每班记录 1 次。具体内容参见第 3 部分中的“三、治理设施台账记录”要求。

• 无组织废气排放控制：无组织排放源以及控制措施运行、维护、管理等信息，记录频次原则上不低于 1 次 / 天。

• 非正常工况：设施名称及编号、起止时间、污染物排放浓度、非正常原因、应对措施、是否报告等信息，记录频次为 1 次 / 非正常情况期。

（二）金属包装印刷

1. 源头削减

（1）含 VOCs 原辅材料

• 金属包装印刷企业在 2021 年 4 月 1 日起使用的油墨中 VOCs 含量要

求参见塑料包装印刷，在 2020 年 12 月 1 日起使用的胶粘剂、清洗剂和涂料中 VOCs 含量要求参见塑料包装印刷。

• 在同一个工序内，使用的油墨、清洗剂、胶粘剂、涂料等原辅材料均为低 VOCs 含量产品时（限值要求参见塑料包装印刷），排放浓度稳定达标的，相应生产工序可不要求建设末端治理设施，可不执行末端治理设施处理效率不应低于 80% 的要求。在同一个工序内，使用的原辅材料 VOCs 含量均小于 10%，相应生产工序可不要求进行无组织废气收集。

（2）印刷工艺

• 金属包装印刷产品宜优化设计，在满足产品功能的前提下尽量减少图文部分覆盖比例、印刷色数、墨层厚度。

2. 过程控制

• 参见塑料包装印刷。

3. 末端治理

（1）柔版印刷

• 柔版印刷无组织废气宜采用“吸附 + 燃烧”或“燃烧”的治理工艺进行处理。目前较为成熟的技术路线为“活性炭吸附 / 旋转式分子筛吸附浓缩 +RTO”，或与烘干有组织废气合并后通过“燃烧”工艺处理。

• 柔版印刷烘干废气宜采用燃烧的治理工艺进行处理。目前较为成熟的技术路线为“减风增浓 +RTO/TO”。

（2）涂布

• 涂布无组织废气经收集后宜采用“吸附 + 燃烧”或“燃烧”的治理工艺进行处理。目前较为成熟的技术路线为“活性炭吸附 / 旋转式分子筛吸附浓缩 +RTO”，或与烘干有组织废气合并后通过“燃烧”工艺处理。

• 涂布烘干废气宜采用燃烧的治理工艺进行处理。目前较为成熟的技术路线为“减风增浓 +RTO/TO”。

（3）上光

• 上光及烘干废气宜采用“吸附 + 燃烧”或“燃烧”的治理工艺进

行处理。目前较为成熟的技术路线为“活性炭吸附 / 旋转式分子筛吸附浓缩 +RTO”“RTO”。

（4）其他

• 调配、清洗等工序产生的无组织废气经收集后宜采用“吸附 + 燃烧”或其他等效方式处理，或与印刷、涂布等废气合并处理。

• 间歇式、小风量废气可采用活性炭吸附等治理工艺进行处理，根据 VOCs 处理量、活性炭处理能力等对活性炭进行定期再生或更换。

（5）非正常工况

• VOCs 治理设施发生故障时，或由于非正常工况所产生的废气超出治理设施处理能力时，对应的生产设备或工艺操作应立即停止，敞开的墨槽、胶槽等应采取措施进行封盖，待治理设施或生产设施恢复正常后，再开始生产。

• 做好非正常工况相关记录。

4. 排放限值

• 参见塑料包装印刷。

5. 监测监控

• 参见塑料包装印刷。

6. 台账记录

• 参见塑料包装印刷。

（三）纸包装印刷

1. 源头削减

（1）含 VOCs 原辅材料

• 纸包装印刷企业在 2021 年 4 月 1 日起使用的油墨中 VOCs 含量要求参见塑料包装印刷，在 2020 年 12 月 1 日起使用的胶粘剂、清洗剂和涂料中 VOCs 含量要求参见塑料包装印刷。

• 在同一个工序内，使用的油墨、清洗剂、胶粘剂、涂料等原辅材料均为低 VOCs 含量产品时（限值要求参见塑料包装印刷），排放浓度稳定达标的，相应生产工序可不要求建设末端治理设施，可不执行末端治理设施处理效率不应低于 80% 的要求。在同一个工序内，使用的原辅材料 VOCs 含量均小于 10%，相应生产工序可不要求进行无组织废气收集。

• 采用平版印刷工艺的纸包装印刷企业宜采用无 / 低醇润湿液替代传统润湿液（由润湿液原液和润湿液添加剂组成）。无 / 低醇润湿液原液 VOCs 质量占比应≤ 10%；无醇润湿液不含添加剂，低醇润湿液以乙醇或异丙醇作为添加剂，添加量应≤ 2%。

• 纸包装印刷企业宜采用水性光油、UV 光油替代溶剂型光油。水性光油、UV 光油 VOCs 质量占比应≤ 3%。

（2）工艺改进

• 采用平版印刷工艺的纸包装印刷企业宜采用零醇润版胶印技术、无水胶印技术以减少润版工序带来的 VOCs 排放。

• 采用平版印刷工艺的纸包装印刷企业宜采用自动橡皮布清洗技术以减少清洗剂的使用和清洗时间。

• 新建、改建、扩建项目宜优先选择水性柔版印刷、平版印刷、水性凹版印刷等污染物产生水平较低的印刷工艺。

2. 过程控制

参照第 1 部分：塑料包装印刷中相关内容要求。

3. 末端治理

（1）凹版印刷

• 溶剂型凹版印刷无组织废气经收集后宜采用“吸附 + 冷凝”“吸附 + 燃烧”或“燃烧”的治理工艺进行处理。目前较为成熟的治理技术路线为“活性炭吸附 + 热氮气再生 + 冷凝回收”“活性炭吸附 / 旋转式分子筛吸附浓缩 +RTO/CO”，或与烘干有组织废气合并后通过“燃烧”工艺处理。

• 溶剂型凹版印刷烘干废气宜采用“吸附 + 冷凝”或“燃烧”的治理

工艺进行处理。目前较为成熟的技术路线为“活性炭吸附 + 热氮气再生 + 冷凝回收”“减风增浓 +RTO/CO”。

• 水性凹版印刷及烘干废气宜采用“吸附 + 燃烧”或其他等效方式处理。

（2）柔版印刷

• 溶剂型柔版印刷及烘干废气宜采用“吸附 + 燃烧”的治理工艺进行处理。目前较为成熟的技术路线为“旋转式分子筛吸附浓缩 +RTO”“活性炭吸附 / 旋转式分子筛吸附浓缩 +CO”。

（3）涂布

• 涂布无组织废气经收集后宜采用“吸附 + 燃烧”或“燃烧”的治理工艺进行处理。目前较为成熟的技术路线为“活性炭吸附 / 旋转式分子筛吸附浓缩 +RTO/CO”，或与烘干有组织废气合并后通过“燃烧”工艺处理。

• 涂布烘干废气宜通过采用“燃烧”的治理工艺进行处理。典型治理技术路线为“减风增浓 +RTO/TO”。

（4）覆膜 / 上光

• 溶剂型覆膜、溶剂型上光及烘干废气宜采用“吸附 + 燃烧”或其他等效方式处理。

（5）其他

• 调配、清洗等工序产生的无组织废气经收集后宜采用“吸附 + 燃烧”或其他等效方式处理，或与印刷、涂布等废气合并处理。

• 间歇式、小风量废气可采用活性炭吸附等治理工艺进行处理，根据 VOCs 处理量、活性炭处理能力等对活性炭进行定期再生或更换。

（6）非正常工况

• VOCs 治理设施发生故障时，或由于非正常工况所产生的废气超出治理设施处理能力时，对应的生产设备或工艺操作应立即停止，敞开的墨槽、胶槽等应采取措施进行封盖，待治理设施或生产设施恢复正常后，再开始生产。

- 做好非正常工况相关记录。

4. 排放限值

- 参见塑料包装印刷。

5. 监测监控

- 参见塑料包装印刷。

6. 台账记录

- 参见塑料包装印刷。

五、油品储运销

（一）适用法律法规、标准及要求

- 《中华人民共和国环境保护法》
- 《中华人民共和国大气污染防治法》
- 《加油站大气污染物排放标准》
- 《储油库大气污染物排放标准》
- 《汽油运输大气污染物排放标准》
- 《柴油车污染防治攻坚战行动计划》要求：2019 年，重点区域加油站、储油库、油罐车基本完成油气回收治理工作，其他区域城市建成区在 2020 年前基本完成。
- 地方生态环境部门要求。

（二）油气回收处理流程原理

油气回收处理流程原理见图 1-23。

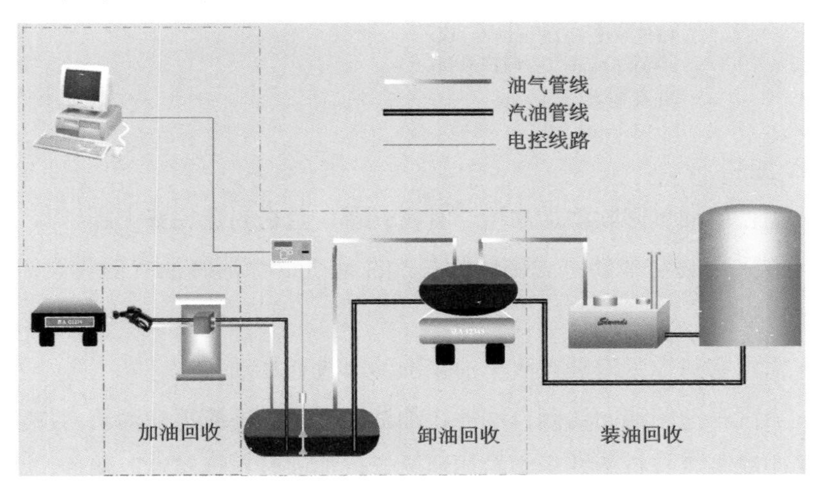

图 1-23　油气回收处理流程原理示意

（三）加油站

加油站油气回收系统由卸油油气回收系统、汽油密闭储存、加油油气回收系统、在线监控系统和油气排放处理装置组成。

1. 油气回收系统的三个阶段

各阶段油气回收执行时间及范围见表 1-13。

表 1-13　各阶段油气回收执行时间及范围

油气回收阶段	定义	执行时间	执行范围
一阶段	油罐车向地下储油罐卸油过程中有与卸出的油等体积的油气被置换出来，并通过密闭方式进行回收	2012 年 1 月 1 日	全部设市城市加油站应安装一阶段油气回收
二阶段	加油机发油时，通过油气回收真空泵把汽车油箱里产生的油气收集到地下储油罐内	2015 年 1 月 1 日	全部设市城市建成区加油站应安装二阶段油气回收
三阶段（后处理阶段）	通过控制油站地下储罐的油气压力，利用压缩冷凝和先进的膜分离技术，将油气变成液体汽油和高浓度的油气回收利用，同时释放出清洁的空气（油气排放浓度≤ 25 mg/L），保持加油站油气呼吸损失接近于零	按照地方生态环境部门要求执行	按照地方生态环境部门要求执行

2. 加油

- 需使用油气回收型加油枪，有密封罩，且密封罩完好无损。
- 应采用真空辅助方式密闭收集加油油气，加油时油气回收泵需正常工作。
- 需将密封罩紧密贴在汽车油箱加油口进行加油作业。
- 当汽车油箱油面达到自动停止加油高度时，不应再向油箱内加油。
- 应配备具有拉断截止阀的加油软管，加油时不得溢油、滴油。

• 油气回收管线上的开关应常开，检测口开关应常闭。

• 加油机内油气回收相关管路、接头不得有跑冒滴漏现象。

• 油气回收检测口安装合理，有控制开关、堵头，周围空间方便检测操作。

• 给摩托车加油时，应由加油枪直接为摩托车加油，禁止使用油壶或油桶等容器。

3. 卸油

• 卸油口和油气回收接口应安装截流阀（或密封式快速接头）和帽盖。

• 连接软管应采用密封式快速接头与卸油车连接，卸油后连接软管内不能存留残油。

• 所有油气管线排放口应设置压力 / 真空阀。

• 卸油时应保证卸油油气回收系统密闭。卸油前卸油软管和油气回收软管应与油罐汽车和埋地油罐紧密连接，然后开启油气回收管路阀门，再开启卸油管路阀门进行卸油作业。

• 卸油后应先关闭与卸油软管及油气回收软管相关的阀门，再断开卸油软管和油气回收软管，卸油软管和油气回收软管内应没有残油。

• 卸油全过程要在视频监控下进行，视频角度应能观测到两根管道的连接状况。

• 卸油完毕后，应确保油气回收阀及卸油阀关严关实。

4. 汽油密封储存

• 埋地油罐应采用电子式液位计进行油气密闭测量，避免人工量油的情况，宜选择具有测漏功能的电子式液位测量系统。

• 所有影响储油油气密闭性的部件，包括油气管线和所连接的法兰、阀门、快接头以及其他相关部件应保证不漏气。

• 对于未安装后处理装置的加油站，应将顶部安装了真空 / 压力阀（P/V 阀）的油气排放管上的阀门保持常开，原顶部安装了防火罩的油气排放管上的阀门应保持常闭。

5. 检查维护

指定专人负责油气回收设施，组织日常检查，如实填写检查、维修记录。

（1）检查记录

每天至少检查油气回收系统 1 次，并填写记录，检查内容至少应包括以下内容：

• 加油枪集气罩应完好无损。

• 油气回收泵应能正常工作。

• 油气回收相关管路无跑冒滴漏现象。

• 加油枪胶管无裂纹、破损。

• 卸油口、人井口、量油口、潜泵无油气泄漏。

• 后处理设备（如有）应能正常运行。

• 地下罐呼吸阀排空管手动阀或后处理装置阀门应常开。

（2）维修维护记录

• 维修日期、维修内容、维修人、验收结果等。

• 加油枪集气罩、管路连接法兰橡胶垫、地下罐回气管盖帽密封垫等易损易耗件定期更换情况。

• 油气回收系统工作异常后的报修记录。

• 其他施工记录。

6. 油气回收系统检测

• 每年至少 1 次对系统气液比、密闭性、液阻、后处理装置（如有）油气排放浓度等指标进行委托检测。

• 检测报告到期前需重新进行检测，鼓励加油站加强自检频次。

7. 在线监控系统

符合下列条件之一的加油站应安装在线监测系统：

• 年销售汽油量大于 8 000 t 的加油站。

• 臭氧浓度超标城市年销售汽油量大于 5 000 t 的加油站。

• 省级生态环境主管部门确定的其他需要安装在线监测系统的加油站。

应定期对线监控系统进行校准，并和检测报告进行比对。

8. 台账记录

按照表1-14要求建立台账记录。

表1-14 加油站各环节台账记录要求

行业类别	重点环节	台账记录要求
加油站	基本信息	油品种类、周转量等
	加油过程	气液比检测时间与结果；油气回收系统管线液阻检测时间与结果；油气回收系统密闭性检测时间与结果
	卸油过程	卸油时间、油品种类、油品来源、卸油量、卸油方式等
	油气处理装置	一次性吸附剂更换时间和更换量，再生型吸附剂再生周期、更换情况，废吸附剂储存、处置情况等

9. 非正常工况

• 制定加油站区域内油气浓度气味突然异常增高等非正常工况的操作规程和污染控制措施。

（1）发现加油站区域内或局部区域内油气浓度气味突然异常增高工况，应立即停止对外营业，对相应设备开展排查维修。

（2）出现其他异常状况时，亦应立即停止对外营业，对相应设备开展排查维修。

• 做好非正常工况相关记录。

• 事故工况开展事后评估并及时向生态环境主管部门报告。

（四）储油库

1. 发油

• 油气处理装置应开启并能正常运行，因故障停用时不得进行发油作业，应急排空口应采用压力/真空阀（P/V阀）密封。

• 应采用底部发油，上装发油鹤管应拆除，未拆除的需封闭。

• 与油罐车连接的发油鹤管和回气管应紧密连接，油气、汽油不得泄漏。

2. 装油

• 应采用顶部浸没式或底部装油方式，顶部浸没式装油管出油口距离罐底高度应小于 200 mm。

3. 油气储存

• 储油库储存汽油应按照标准规定采用浮顶罐储油。

• 新、改、扩建的内浮顶罐，浮盘与罐壁之间应采用液体镶嵌式、机械式鞋形、双封式等高效密封方式，新、改、扩建的外浮顶罐，浮盘与罐壁之间应采用双封式密封，且初级密封采用液体镶嵌式、机械式鞋形等高效密封方式。

• 浮顶罐所有密封结构不应有造成漏气的破损和开口，浮盘上所有可开启设施在非需要开启时都应保持密封状态，应定期对浮盘进行检查，并记录检查过程与结果。

4. 检查维护

• 油气回收系统与回收处理装置应进行技术评估，并具有国家有关主管部门审核批准的评估报告，评估工作中至少应包括调查分析技术资料、应具备的相关认证文件、检测至少连续 3 个月的运行情况、油气回收系统设备清单。

• 油气密闭收集系统任何泄漏点排放的油气体积分数浓度不应超过 0.05%，每年至少检测 1 次并对检测结果、过程进行记录。

• 每年至少检测 1 次油气回收处理装置的油气排放浓度，并对检测结果、过程进行记录。

• 按要求对防溢流控制系统定期进行检测，并记录检测过程及结果。

• 应对进、出处理装置的气体流量计进行监测，流量计应具备连续测量和数据至少保存 1 年的功能，并符合安全要求。

• 应建立燃油供销台账、油气回收装置每日运行检查记录台账，后台监控应正常使用，并可调取近期装油、发油的监控视频。

• 储油库应建立油气收集系统和处理装置的运行规范，每天记录气体流量、系统压力、发油量，记录防溢流控制系统定期检测结果，记录油气收集系统和处理装置的维修事项与结果。应编写年度运行报告并附带上述原始记录，作为储油库环保检测报告的组成部分。

（五）油罐车

• 油罐汽车应具备油气回收系统。装油时能够将汽车油罐内排出的油气密闭输入储油库回收系统；往返运输过程中能够保证汽油和油气不泄漏；卸油时能够将产生的油气回收到汽车油罐内。任何情况下不应因操作、维修和管理等方面的原因发生汽油泄漏。

• 油罐汽车应具备底部装卸油系统。在装卸油时，管路应紧密连接，人孔盖严格密封，禁止油气泄漏。

• 油罐汽车油气回收系统应采用DN100 mm的密封式快速接头和相应的气动底阀、无缝钢管、阀门、过滤网、弯头、胶管和帽盖等。

• 油罐车卸油后、道路行驶过程中，禁止人为开启人孔盖，防止油气泄漏。人孔盖为保证油罐车的运输安全、环保而设计。具有倾翻防溢、防爆功能，并且具有当罐内外压差过大时达到内外压力平衡的呼吸功能。设有内置式呼吸阀和紧急排气装置。

• 油罐车密闭性：每年至少要检测1次油罐汽车油气回收系统密闭性，多仓油罐车的每个油仓都应进行检测。每年至少要检测1次油罐汽车油气回收管线气动阀门密闭性。

• 检查维修记录：每天出车前至少检查1次，并填写日常记录。发现油气回收系统工作异常后，应立即报修并填写维修记录。

附件

附表　常见有机化学品 25℃下的饱和蒸汽压

序号	有机化学品名称	饱和蒸汽压 /kPa
1	甲醇	16.670
2	乙腈	12.311
3	环氧乙烷	气体
4	乙醇	7.959
5	甲酸	5.744
6	丙烯腈	15.220
7	丙酮	30.788
8	环氧丙烷	71.909
9	醋酸	2.055
10	甲酸甲酯	78.065
11	异丙醇	6.021
12	正丙醇	2.780
13	乙二醇	0.012
14	氯乙烯	气体
15	氯乙烷	气体
16	环戊二烯	19.112
17	异戊二烯	73.345
18	环戊烷	42.328
19	丙烯酸	0.568
20	甲乙酮（2- 丁酮）	12.057
21	四氢呋喃	21.620
22	异丁醛	22.967
23	正丁醛	14.787

序号	有机化学品名称	饱和蒸汽压 /kPa
24	异戊烷	91.664
25	*N*,*N*- 二甲基甲酰胺 (DMF)	0.533
26	二乙胺	29.999
27	甲酸乙酯	32.544
28	乙酸甲酯	28.834
29	异丁醇	2.438
30	正丁醇	0.824
31	丙二醇	0.016
32	甲缩醛	53.107
33	3- 氯丙烯	49.048
34	苯	12.691
35	吡啶（氮苯）	2.763
36	环己烯	11.842
37	1- 己烯	24.807
38	环己烷	13.017
39	二氯甲烷	57.259
40	醋酸乙烯	15.301
41	正己烷	20.192
42	甲基叔丁基醚 (MTBE)	36.494
43	正丁酸	0.104
44	乙酸乙酯	12.617
45	异戊醇	0.417
46	氯丁二烯	28.783
47	乙二胺	1.668
48	甲苯	3.792

序号	有机化学品名称	饱和蒸汽压 /kPa
49	丙三醇	0.000
50	环氧氯丙烷	2.267
51	苯胺	0.089
52	2- 甲基吡啶	1.494
53	苯酚	固体
54	糠醛	0.208
55	氟苯	10.223
56	1,2- 二氯乙烯	44.159
57	偏二氯乙烯	30.262
58	环己酮	0.640
59	甲基环己烷	6.181
60	二氯乙烷	10.414
61	正庚烷	6.094
62	甲基丙烯酸甲酯	4.847
63	环己醇	0.038
64	甲基异丁基酮	2.575
65	异庚烷	8.787
66	三乙胺	7.701
67	醋酸酐	0.705
68	丙酸乙酯	4.961
69	醋酸正丙酯	4.486
70	乙基丁基醚	7.507
71	1- 己醇	0.110
72	苯乙烯	0.879
73	对二甲苯	1.168

序号	有机化学品名称	饱和蒸汽压 /kPa
74	间二甲苯	1.107
75	邻二甲苯	0.882
76	混二甲苯	1.106
77	二乙二醇	0.000
78	乙苯	1.268
79	间甲苯胺	0.026
80	邻甲苯胺	0.034
81	苯甲醇	0.012
82	间苯甲酚	0.022
83	邻苯甲酚	固体
84	对苯甲酚	固体
85	溴乙烷	62.166
86	间苯二酚	固体
87	1- 甲基 -2- 乙基环戊烷	1.954
88	乙基环己烷	1.705
89	1,3- 二甲基环己烷	2.866
90	1,4- 二甲基环己烷	20.033
91	氯苯	1.596
92	异辛烷	6.580
93	正辛烷	1.860
94	3- 甲基庚烷	2.605
95	2- 甲基庚烷	2.748
96	乙酸丁酯	1.529
97	醋酸仲丁酯	1.529
98	甲基苯乙烯	0.323

序号	有机化学品名称	饱和蒸汽压 /kPa
99	三氯甲烷（氯仿）	26.323
100	异丙苯	0.611
101	正丙苯	0.449
102	硝基苯	0.035
103	萘	固体
104	正壬烷	0.571
105	1- 辛醇	0.013
106	三氯乙烯	9.211
107	双环戊二烯	0.298
108	二乙苯	0.144
109	三氯氟甲烷	气体
110	正癸烷	0.173
111	α- 萘酚	固体
112	邻二氯苯	0.197
113	间二氯苯	0.265
114	1,2,3- 三氯丙烷	气体
115	四氯化碳	15.251
116	癸醇	0.001
117	四氯乙烯	2.434
118	1,1,1,2- 四氯乙烷	1.603
119	1,1,2,2- 四氯乙烷	0.579
120	1,1,1- 三氯乙烷	17.797
121	1,1,2- 三氯乙烷	2.914
122	五氯乙烷	0.455

第 2 部分

VOCs 相关标准内容要点

一、产品质量标准以及内容要点

（一）标准

- 《低挥发性有机化合物含量涂料产品技术要求》（GB/T 38597—2020）
- 《船舶涂料中有害物质限量》（GB 38469—2019）
- 《室内地坪涂料中有害物质限量》（GB 38468—2019）
- 《木器涂料中有害物质限量》（GB 18581—2020）
- 《车辆涂料中有害物质限量》（GB 24409—2020）
- 《工业防护涂料中有害物质限量》（GB 30981—2020）
- 《油墨中可挥发性有机化合物 (VOCs) 含量的限值》（GB 38507—2020）
- 《胶粘剂挥发性有机化合物限量》（GB 33372—2020）
- 《清洗剂挥发性有机化合物含量限值》（GB 38508—2020）

（二）内容要点

1.VOCs 产品标准中的 VOCs 限值含义是什么?

答：目前，各类产品的 VOCs 定义基本上与《挥发性有机物无组织排放控制标准》（GB 37822—2019）的 VOCs 定义一致。而 VOCs 限值略有区别，其中：涂料相关标准中将涂料分为溶剂型涂料和水性涂料。溶剂型涂料标准是指在所有组分混合后，可以进行施工的状态（加入固化剂、稀释剂等后）的 VOCs 限值，水性涂料标准是指涂料产品扣除水分后再计算出的 VOCs 限值。油墨标准是指出厂状态下各种油墨的 VOCs 限值。胶粘剂标准是指出厂状态下溶剂型、水基型、本体型胶粘剂的 VOCs 限值，不适用脲醛、酚醛、三聚氰胺甲醛胶粘剂。清洗剂标准是指使用状态下清洗剂的 VOCs 限值（一般情况不加稀，需要加稀释剂后使用的，应根据包装标识上稀释剂最小用量计算），不适用于航空航天、核工业、军工、半导体

（含集成电路）制造用清洗剂。

2. 使用涂料、油墨、胶粘剂、清洗剂的企业应如何判定 VOCs 限值?

答：企业应向涂料、油墨、胶粘剂、清洗剂的产品供应商索要具有 CMA 和 CNAS 资质的第三方检测机构出具的产品检验报告，无检测报告的需提供使用产品的化学品安全技术说明书（即 MSDS）。以图 2-1 为例，该家具制造企业使用的水性木器涂料产品检验报告书参照了《室内装饰装修材料　水性木器涂料中有害物质限量》（GB 24410—2009）的要求进行产品检验，产品扣水后限值满足 300g/L [《木器涂料中有害物质限量》（GB 18581—2020）要求为 250g/L] 要求。图 2-2 中另一家企业的 MSDS 显示该涂料的 VOCs 含量为 37% ～ 80%，按照新标准的要求，应再加上包装标识上的稀释剂、固化剂用量配比后估算出最终的产品 VOCs 含量。

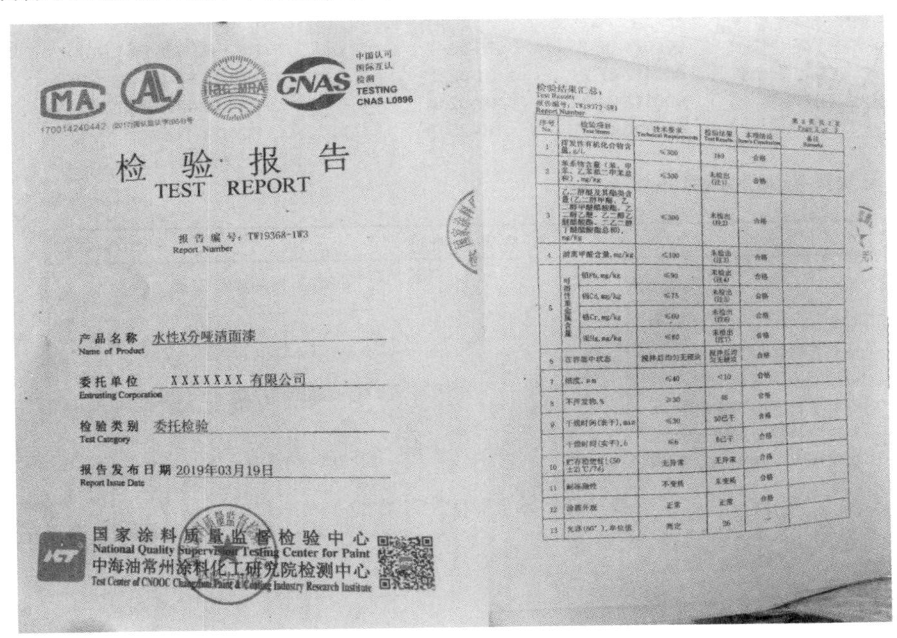

CMA CAL ilac-MRA CNAS 中国认可 国际互认 检测 TESTING CNAS L0896

检验报告
TEST REPORT

报告编号：TW19368-1W3
Report Number

产品名称 Name of Product：水性X分哑清面漆

委托单位 Entrusting Corporation：XXXXXXX 有限公司

检验类别 Test Category：委托检验

报告发布日期 Report Issue Date：2019年03月19日

国家涂料质量监督检验中心
National Quality Supervision Testing Center for Paint
中海油常州涂料化工研究院检测中心
Test Center of CNOOC Changzhou Paint & Coatings Industry Research Institute

检验结果汇总 Test Results

序号 No.	检验项目 Test Items		技术要求 Technical Requirements	检验结果 Test Results	本项结论 Item's Conclusion	备注 Remarks
1	挥发性有机化合物含量，g/L		≤300	169	合格	
2	苯系物含量（苯、甲苯、乙苯和二甲苯总和），mg/kg		≤300	未检出（注1）	合格	
3	乙二醇醚及其酯类含量（乙二醇甲醚、乙二醇甲醚醋酸酯、乙二醇乙醚、乙二醇乙醚醋酸酯、二乙二醇丁醚醋酸酯总和），mg/kg		≤300	未检出（注2）	合格	
4	游离甲醛含量，mg/kg		≤100	未检出（注3）	合格	
5	可溶性重金属含量	铅Pb，mg/kg	≤90	未检出（注4）	合格	
		镉Cd，mg/kg	≤75	未检出（注5）	合格	
		铬Cr，mg/kg	≤60	未检出（注6）	合格	
		汞Hg，mg/kg	≤60	未检出（注7）	合格	
6	在容器中状态		搅拌后均匀无硬块	搅拌后均匀无硬块	合格	
7	细度，μm		≤40	<10	合格	
8	不挥发物，%		≥30	[illegible]	合格	
9	干燥时间（表干），min		≤30	30已干	合格	
	干燥时间（实干），h		≤6	6已干	合格	
10	贮存稳定性（(50±2)℃/7d）		无异常	无异常	合格	
11	耐冻融性		不变质	不变质	合格	
12	涂膜外观		正常	正常	合格	
13	光泽（60°），单位值		商定	36	—	

图 2-1　某企业提供的涂料检验报告

HP930 丙烯酸涂料 MSDS

1. 化学品及企业标识

产品名称　　HP930 丙烯酸涂料
产品代码　　HP930

公司名称
公司地址

电话:
传真:
24 小时服务紧急电话:

2. 成分/组成信息

该产品含有下列物质，这些物质 在"Dangerous Substances Directive 67/548/EEC" 及"the Chemicals (Hazard Information and Packaging for Supply)Regulation 1999 (2)" 的含义范围内被定为对健康有害或具有接触最高允许值(详见 EH40)。

纯品　　混合物 √

成分名称	化学品摘要编号	浓度	代号	危险术语(*)
正丁醇	000071-36-3	25-50	Xn	R22,,R37/38,R41.R67
四亚乙基五胺	000112-57-2	01-02.5	C,N	R21/22,R34,R43,R51/53
三乙撑四胺	000112-24-3	01-02.5	C	R21,R34,R43,R52/53
二甲苯	001330-20-7	10-25	Xn	R20/21, R38

*危险术语的全文见第 16 条。

3. 危害性概述

易燃。
皮肤接触均有害。
对呼吸系统有刺激性。
有严重伤害眼睛的危险。
与皮肤接触会导致过敏。
详细资料见第 11 条。

图 2-2　某企业使用涂料的 MSDS

3.《低挥发性有机化合物含量涂料产品技术要求》（GB/T 38597—2020）与其他涂料标准是什么关系?

答:《低挥发性有机化合物含量涂料产品技术要求》（GB/T 38597—2020）是国家推荐性标准，主要是指在现有技术水平下，VOCs 含量相对低于强制性国家标准，从而实现从源头减排 VOCs 的目的，其主要涵盖了建筑、木器、车辆、工业防护、船舶、地坪、玩具、道路标识、防水防火涂料。同其他涂料标准一样，溶剂型涂料标准是指在所有组分混合后，可以进行施工的状态（加入固化剂、稀释剂等后）的 VOCs 限值，水性涂料标准是指涂料产品扣除水分后的 VOCs 限值。

4. 什么是低 VOCs 含量油墨、胶粘剂、清洗剂?

答：低 VOCs 含量油墨产品通常包括水性油墨、胶印油墨、能量固化油墨、雕刻凹印油墨，详见《油墨中可挥发性有机化合物 (VOCs) 含量的限值》（GB 38507—2020）中“表 1”。低 VOCs 含量胶粘剂通常包括水基型胶粘剂和本体型胶粘剂，详见《胶粘剂挥发性有机化合物限量》（GB 33372—2020）中“表 2、表 3”。低 VOCs 含量清洗剂通常包括水基型和半水基型清洗剂，详见《清洗剂挥发性有机化合物含量限值》（GB 38508—2020）中“表 1、表 2”。

5. 水性涂料、油墨，水基型胶粘剂、水基型清洗剂都是推荐企业使用的吗?

答：通常情况下鼓励企业使用低 VOCs 含量的涂料、油墨、胶粘剂、清洗剂，水性产品不是唯一选择，但所使用的低 VOCs 含量产品应满足相应标准的低 VOCs 含量限值要求。

6. 产品的检测方法是什么?

答：涂料、油墨、胶粘剂、清洗剂的检测方法请参考相应的标准内容。不同的产品标准，所采用的检测方法也不同。

二、无组织排放控制标准解释说明

1. 各行业 VOCs 无组织排放应执行什么标准？

答：《挥发性有机物无组织排放控制标准》（GB 37822—2019）发布前已实施的《石油炼制工业污染物排放标准》（GB 31570—2015）、《石油化学工业污染物排放标准》（GB 31571—2015）、《合成树脂工业污染物排放标准》（GB 31572—2015）以及近期发布的《制药工业大气污染物排放标准》（GB 37823—2019）和《涂料、油墨及胶粘剂工业大气污染物排放标准》（GB 37824—2019），已对 VOCs 无组织排放源项（储罐、泄漏等）进行了规定，这些行业的无组织排放控制按行业排放标准规定执行，不执行《挥发性有机物无组织排放控制标准》（GB 37822—2019）的通用要求。

涉及 VOCs 排放控制的橡胶制品、合成革与人造革、焦化等其他行业污染物排放标准，其 VOCs 有组织排放控制按相应排放标准规定执行，因行业排放标准中未规定无组织排放控制措施要求，无组织排放控制应执行《挥发性有机物无组织排放控制标准》（GB 37822—2019）的规定。

没有行业专项排放标准的涉 VOCs 行业，有组织排放控制执行《大气污染物综合排放标准》（GB 16297—1996）的规定，无组织排放控制执行《挥发性有机物无组织排放控制标准》（GB 37822—2019）的规定。

有更严格地方排放标准要求的，应执行地方标准的规定。

2. 特殊情况不满足《挥发性有机物无组织排放控制标准》（GB 37822—2019）规定怎么办？

答：《挥发性有机物无组织排放控制标准》（GB 37822—2019）规定："因安全因素或特殊工艺要求不能满足本标准规定的 VOCs 无组织排放控制要求，可采取其他等效污染控制措施，并向当地生态环境主管部门报告或依据排污许可证相关要求执行"。

《挥发性有机物无组织排放控制标准》（GB 37822—2019）中规定的

密闭设备、密闭空间、局部气体收集等要求，有时因生产安全需要不能做到密闭（如一些化工类企业），有时因特殊工艺要求不能做到密闭或局部收集（如船舶合拢涂装等），标准中其他一些规定（如排气筒高度等）也有类似情况。鉴于《挥发性有机物无组织排放控制标准》（GB 37822—2019）为通用性标准，面对的生产实际情况千差万别，对于因安全需要或特殊工艺要求不能做到《挥发性有机物无组织排放控制标准》（GB 37822—2019）规定要求的，允许采取其他控制措施，实现同等的污染控制效果。

对于室外设备与管道防腐涂装等临时作业排放 VOCs 的，标准中未规定强制性收集要求，现场具备条件的，鼓励采取移动式废气收集方式。

3. 如何理解“VOCs 物料”的概念？

答：《挥发性有机物无组织排放控制标准》（GB 37822—2019）对 VOCs 物料储存、VOCs 物料转移和输送、涉 VOCs 物料化工生产过程、含 VOCs 产品使用过程，以及载有气态、液态 VOCs 物料的设备与管线组件泄漏等提出了控制要求，纳入管控的 VOCs 物料包括两类物质：

一是 VOCs 质量占比≥ 10% 的物料。主要涉及炼油、石油化工、煤化工、有机精细化工等化工生产过程，以及涂料、油墨、胶粘剂、清洗剂等含 VOCs 产品的使用过程（含 VOCs 产品使用过程可按配比计算确定或按采样测量确定 VOCs 质量占比）。

二是有机聚合物材料。涉及合成树脂、合成橡胶、合成纤维材料的生产和制品加工过程。

4. 如何确定企业物料 VOCs 含量？

答：在实际生产中，因不同工艺环节进出料的变化，物料 VOCs 含量在不同工艺环节是不同的，需按工序逐一核实是否属于 VOCs 物料（VOCs 质量占比是否≥ 10%）。

企业应提供每一工序使用原辅材料的化学品安全技术说明书（MSDS）数据或检测报告，以及产品说明书等，按企业实际配比计算施工状态下的物料 VOCs 含量。在企业核发排污许可证时，应要求企业确认每一工序使用物料的 VOCs 含量，便于开展后续环境管理工作。

执法人员可根据企业原辅材料出入库清单，进行现场核实，如无法提供相关信息证实 VOCs 质量占比低于 10%，且未采取无组织排放控制措施的，认定为违法行为。执法人员也可现场采样，经第三方实验室分析确定 VOCs 含量。

5. 水性 VOCs 物料在认定 VOCs 含量时是否需要扣水?

答：水性涂料、油墨、胶粘剂、清洗剂等水性 VOCs 物料在认定 VOCs 含量时，执行产品标准规定的 VOCs 测量方法，扣水与否由测量方法决定。以涂料为例，在《低挥发性有机化合物含量涂料产品技术要求》（GB/T 38597—2020）中明确是指“施工状态”下的 VOCs 含量，且“水性涂料和水性辐射固化涂料均不考虑水的稀释比例”，因此对涂料产品确定 VOCs 含量时，需在施工状态下扣除水分后进行，可避免企业通过兑入水分逃避监管的做法。

6. 如何确定企业使用的物料是否符合国家有关低 VOCs 含量产品的规定?

答：对于涂料产品，执行《低挥发性有机化合物含量涂料产品技术要求》（GB/T 38597—2020）中水性涂料、无溶剂涂料、辐射固化涂料的规定。

对于油墨产品，执行《油墨中可挥发性有机化合物（VOCs）含量限值》（GB 38507—2020）中水性油墨、胶印油墨、能量固化油墨、雕刻凹印油墨的规定。

对于胶粘剂产品，执行《胶黏剂挥发性有机化合物限量》（GB 33372—2020）中水基型胶粘剂、本体型胶粘剂的规定。

对于清洗剂产品，执行《清洗剂挥发性有机化合物量限值》（GB 38508—2020）中水基清洗剂、低 VOC 含量半水基清洗剂（符合该标准表 2）的规定。

7.VOCs 无组织排放源执行的排放控制要求是什么?

答：VOCs 无组织排放源（指 VOCs 无组织废气收集后转变为有组织排放），执行的排放控制要求有两方面：

一是排放浓度控制。VOCs 废气收集处理系统污染物排放应符合《大气污染物综合排放标准》(GB16297— 1996）或相关行业排放标准的规定。

二是处理效率要求。《挥发性有机物无组织排放控制标准》(GB 37822—2019）规定：收集的废气中 NMHC 初始排放速率≥ 3 kg/h 时，应配置 VOCs 处理设施，处理效率不应低于 80%；对于重点地区，收集的废气中 NMHC 初始排放速率≥ 2 kg/h 时，应配置 VOCs 处理设施，处理效率不应低于 80%；采用的原辅材料符合国家有关低 VOCs 含量产品规定的除外。

以上规定的目的是针对 VOCs 通风排放的特点（气量规模大、浓度低、浓度达标容易但总量并未减少），通过对大源实施“排放浓度 + 处理效率”双指标控制，有效减少 VOCs 排放量；对小源则简化了要求，仅要求排放浓度达标。

VOCs 无组织排放源执行的排放控制要求见表 2-1。

表 2-1　VOCs 无组织排放源排放控制要求

NMHC 初始排放速率	使用的 VOCs 物料	排放控制要求	需采取的措施
大源 ≥3 kg/h （重点地区 2 kg/h）	未使用规定的 低 VOCs 产品	排放浓度达标 去除效率达标	须安装处理设施， 且效率 80% 以上
大源 ≥3 kg/h （重点地区 2 kg/h）	全部使用了符合规定的低 VOCs 产品	排放浓度达标	收集后浓度超标：须安装处理设施 收集后浓度不超标：可不安装处理设施
小源 ＜3 kg/h （重点地区 2 kg/h）	—	排放浓度达标	收集后浓度超标：须安装处理设施 收集后浓度不超标：可不安装处理设施

执行上表要求，应注意如下事项：

（1）同一车间内同类性质废气有多根排气筒的，合并计算 NMHC 排放速率，避免拆分达标（标准 10.2.1 条规定了分类收集要求）；

（2）需要满足处理效率要求的，企业必须在处理设施进出口管道上均设置符合监测规范要求的采样孔、采样平台等；

（3）关于豁免处理效率的认定。综合考虑企业生产工艺、运行工况、含 VOCs 原辅材料使用情况以及废气收集率等因素，开展系统、全面的监测评估，保证在最不利生产工况下 NMHC 初始排放速率不超过 3 kg/h（重点地区 2 kg/h），且废气收集系统符合标准规定（如控制风速符合要求）的前提下，可以豁免处理效率要求。相关台账应保存备查。

（4）企业同一工序在使用的含 VOCs 原辅材料全部符合国家规定的低 VOCs 含量产品要求的前提下，方可豁免对治理设施处理效率的要求。

（5）执法人员现场检查时发现处理设施进口任意 1h 的 NMHC 排放速率超过 3 kg/h（重点地区 2 kg/h），且处理效率未达到 80% 的，认定为超标行为。

8. 如何测量局部集气罩的控制风速？

答：对于局部集气罩（外部排风罩），控制风速测量执行《排风罩的分类及技术条件》（GB/T 16758—2008）、《局部排风设施控制风速检测与评估技术规范》（AQ/T 4274—2016）规定的方法。

测量位置：距排风罩开口面最远处的 VOCs 无组织排放位置（散发 VOCs 的位置）。在《局部排风设施控制风速检测与评估技术规范》（AQ/T 4274—2016）中给出了测量点示意图，可参考图 2-3。

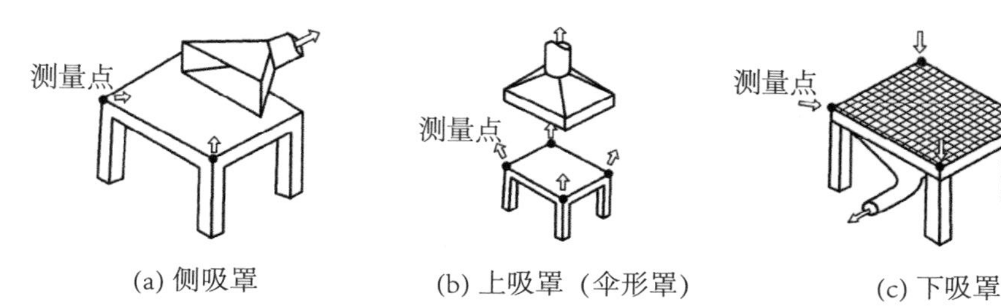

图 2-3　局部集气罩控制风速的测量位置示意图

测量仪器：《排风罩的分类及技术条件》(GB/T 16758—2008) 明确采用热电式风速仪（包括热球式、热线式），因控制风速低限为 0.3 m/s，不采用转轮式风速仪（精度不满足测量要求）。

测量方法：根据《排风罩的分类及技术条件》(GB/T 16758—2008)，在生产和通风系统正常运行时测量，将热电式风速仪的探头置于控制点处，测出此点的风速即为控制风速。

9.RTO 等燃烧装置是否需要按 3% 含氧量进行折算?

答：RTO 等燃烧装置如果进口废气含氧量可满足自身燃烧和氧化反应需要，不需另外补充空气，此时以实测浓度作为达标判定依据，不需按 3% 含氧量进行折算，但需要保证装置出口烟气含氧量不得高于装置进口废气含氧量。通过监控 RTO 等燃烧装置的运行温度、停留时间等关键参数，保证 VOCs 有效去除。

第 3 部分

VOCs 末端治理技术选择与运行维护要求

一、治理技术适用范围

实用的 VOCs 末端治理技术众多，主要包括吸附、燃烧（高温焚烧和催化燃烧）、吸收、冷凝、生物处理及其组合技术。表 3-1 列出了主要控制技术的优缺点。

表 3-1　常见 VOCs 控制技术的优缺点比较

控制技术装备		优　点	缺　点
吸附技术	固定床吸附系统	1. 初设成本低； 2. 能源需求低； 3. 适合多种污染物； 4. 臭味去除有很高的效率	1. 无再生系统时吸附剂更换频繁； 2. 不适合高浓度废气； 3. 废气湿度大时吸附效率低； 4. 不适合含颗粒物状废气，对废气预处理要求高； 5. 热空气再生时有火灾危险； 6. 对某些化合物（如酮类、苯乙烯）吸附时受限
	旋转式吸附系统	1. 结构紧凑，占地面积小； 2. 连续操作、运行稳定； 3. 床层阻力小； 4. 适用于低浓度、大风量的废气处理； 5. 脱附后废气浓度浮动范围小	1. 对密封件要求高，设备制造难度大、成本高； 2. 无法独立完全处理废气，需要与其他废气处理装置组合使用； 3. 不适合含颗粒物状废气，对废气预处理要求高
吸收技术	吸收塔	1. 工艺简单，设备费低； 2. 对水溶性有机废气处理效果佳； 3. 不受高沸点物质影响； 4. 无耗材处理问题	1. 净化效率较低； 2. 耗水量较大，排放大量废水，造成污染转移； 3. 填料吸收塔易堵塞； 4. 存在设备腐蚀问题
燃烧技术	TO/TNV	1. 污染物适用范围广； 2. 处理效率高（可达 95% 以上）； 3. 设备简单	1. 操作温度高，处理低浓度废气时运行成本高； 2. 处理含氮化合物时可能造成烟气中 NO_x 超标； 3. 不适合含硫、卤素等化合物的治理； 4. 处理低浓度 VOCs 时燃料费用高

控制技术装备		优 点	缺 点
燃烧技术	CO	1. 操作温度较直接燃烧低，运行费用低； 2. 相较于TO，燃料消耗量少； 3. 处理效率高（可达95%以上）	1. 催化剂易失活（烧结、中毒、结焦），不适合含有S、卤素等化合物的净化； 2. 常用贵金属催化剂价格高； 3. 有废弃催化剂处理问题； 4. 处理低浓度VOCs时燃料费用高
	RTO	1. 热回收效率高（>90%），运行费用低； 2. 净化效率高（95%～99%） 3. 适用于高温气体	1. 陶瓷蓄热体床层压损大且易堵塞； 2. 低VOCs浓度时燃料费用高； 3. 处理含氮化合物时可能造成烟气中NO_x超标； 4 不适合处理易自聚化合物（苯乙烯等），其会发生自聚现象，产生高沸点交联物质，造成蓄热体堵塞； 5. 不适合处理硅烷类物质，燃烧生成固体尘灰会堵塞蓄热陶瓷或切换阀密封面
	RCO	1. 操作温度低，热回收效率高（>90%），运行成本较RTO低； 2. 高去除率（95%～99%）	1. 催化剂易失活（烧结、中毒、结焦），不适合含有S、卤素等化合物的净化； 2. 陶瓷蓄热体床层压损大且易堵塞； 3. 处理含氮化合物时可能造成烟气中NO_x超标； 4. 常用贵金属催化剂成本高； 5. 有废弃催化剂处理问题； 6. 不适合处理易自聚、易反应等物质（苯乙烯），其会发生自聚现象，产生高沸点交联物质，造成蓄热体堵塞； 7. 不适合处理硅烷类物质，燃烧生成固体尘灰会堵塞蓄热陶瓷或切换阀密封面
生物技术	生物处理系统（生物滤床、生物滴滤塔、生物洗涤塔等）	1. 设备及操作成本低，操作简单； 2. 除更换填料外不产生二次污染； 3. 对低浓度恶臭异味去除效率高	1. 不适合处理高浓度废气； 2. 普适性差，处理混合废气时菌种不宜选择或驯化； 3. 对pH控制要求高； 4. 占地广大、滞留时间长、处理负荷低
其他组合技术	沸石浓缩转轮＋RTO/CO/RCO	1. 去除效率高； 2. 适用于大风量低浓度废气； 3. 燃料费较低； 4. 运行费用较低	1. 处理含高沸点或易聚合化合物时，转轮需定期处理和维护； 2. 处理含高沸点或易聚合化合物时，转轮寿命短； 3. 对于极低浓度的恶臭异味废气处理，运行费用较高

控制技术装备		优　点	缺　点
其他组合技术	活性炭 +CO	1. 适用于低浓度废气处理； 2. 一次性投资费用低； 3. 运行费用较低； 4. 净化效率较高（≥90%）	1. 活性炭和催化剂需定期更换； 2. 不适合含颗粒物状废气； 3. 不适合处理含 S、卤素、重金属、油雾以及高沸点、易聚合化合物的废气； 4. 若采用热空气再生，不适合环己酮等酮类化合物的处理
	冷凝 + 吸附回收	1. 回收率高，有经济效益； 2. 适用于高沸点、高浓度废气处理； 3. 低温下吸附处理 VOCs 气体，安全性高	1. 单一冷凝要达标需要到很低的温度，能耗高； 2. 净化程度受冷凝温度限制、运行成本高； 3. 需要有附设的冷冻设备，投资大、能耗高、运行费用大

各类技术都有其一定的适用范围，其对废气组分及浓度、温度、湿度、风量等因素有不同要求，因此企业在选用治理技术时，应从技术可行性和经济性多方面进行考虑。

废气浓度方面，对于高浓度的 VOCs（通常高于 1%，即 10 000 mg/m^3），一般需要进行有机物的回收。通常首先采用冷凝技术将废气中大部分的有机物进行回收，降浓后的有机物再采用其他技术进行处理。如油气回收过程，自油气收集系统来的油气经油气凝液罐排除冷凝液后（可采用多级冷凝）进入油气回收装置，经冷凝回收的汽油进入回收汽油收集储罐，尾气通过活性炭吸附后达标排放，活性炭吸附饱和后的脱附油气经真空泵抽吸送入冷凝器入口进行循环冷凝。在有些情况下，虽然废气中 VOCs 的浓度很高，但并无回收价值或回收成本太高，直接燃烧法显得更加适用，如炼油厂尾气的处理等。

对于低浓度的 VOCs（通常为小于 1 000 mg/m^3），目前有很多的治理技术可以选择，如吸附浓缩后处理技术、吸收技术、生物技术等，在大多数情况下需要采用组合技术进行深度净化。吸附浓缩技术（固定床或沸石转轮吸附）近年来在低浓度 VOCs 的治理中得到了广泛应用，视情况既可以对废气中价值较高的有机物进行冷凝回收，也可以采用催化燃烧或高温焚烧工艺进行销毁。在吸收技术中，采用有机溶剂为吸收剂的治理工艺由于存在安全性差和吸收液处理困难等缺点，目前已较少使用。采用水吸收目前主要用于废气的前处理，如去除漆雾和大分子高沸点的有机物、去除酸碱气体等。另外，对于水溶性高的 VOCs，可采用生物滴滤法和生物洗涤法，水溶性稍低的可采用生物滤床。

对于中等浓度的 VOCs（数千 mg/m^3 范围），当无回收价值时，一般采用催化燃烧（CO/RCO）和高温燃烧（TO/TNV/RTO）技术进行治理。在该浓度范围内，催化燃烧和高温燃烧技术的安全性和经济性是较为合理的，因此是目前应用最为广泛的治理技术。蓄热式催化燃烧（RCO）和蓄热式高温燃烧技术（RTO）近年来得到了广泛的应用，提高了催化燃烧和高温燃烧技术的经济性，使得催化燃烧和高温燃烧技术可以在更低的浓度下使用。当废气中的有机物具有回收价值时，通常选用活性炭 / 活性炭纤维吸附 + 水蒸气 / 高温氮气再生 + 冷凝工艺对废气中的有机物进行回收，从技术经济上进行综合考虑，如果废气中有机物的价值较高，回收具有效益，吸附回收技术也常被用于废气中较低浓度有机物的回收。对于水溶性高的 VOCs（如醇类化合物），也可采用吸收法回收溶剂，具体见图 3-1。

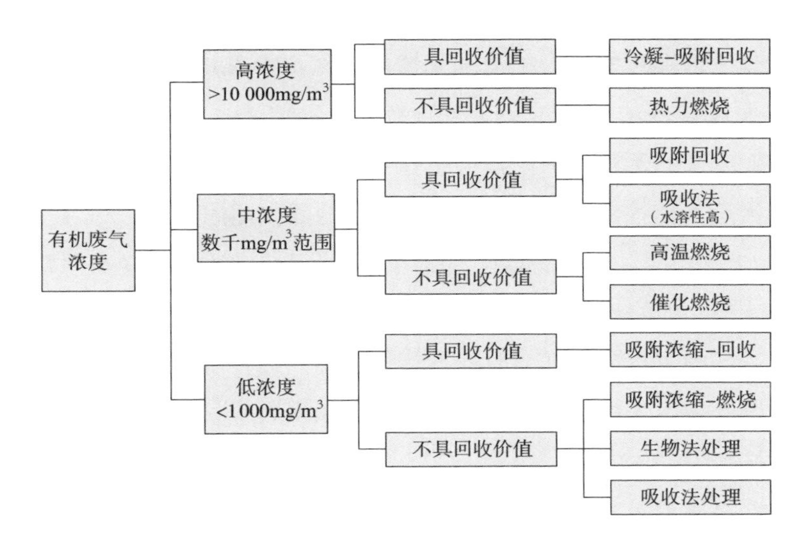

图 3-1　VOCs 治理技术适用范围（浓度）

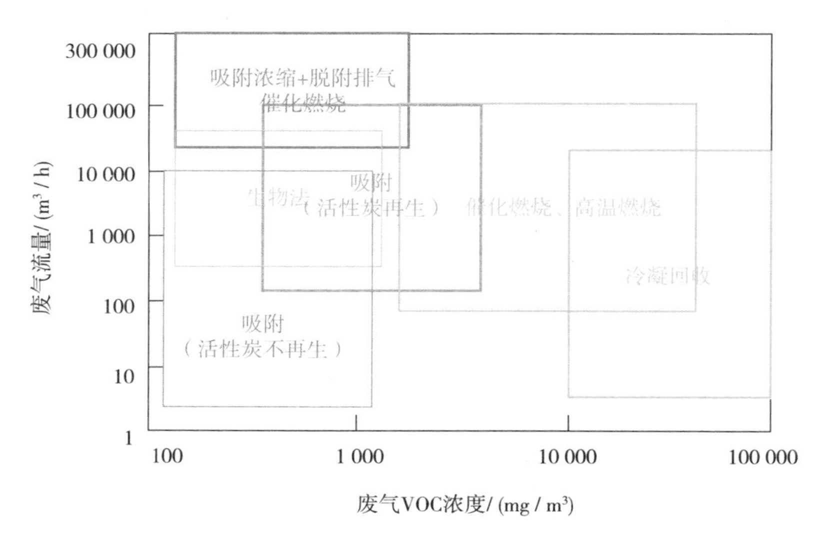

图 3-2　VOCs 治理技术适用范围（浓度、风量）

图 3-2 直观地给出了不同单元治理技术所适用的有机物浓度和废气流量的大致范围。对于废气流量，图中给出的是单套处理设备最大处理能力和比较经济的流量范围。当废气流量较大时，可以采用多套设备分开进行处理。由图可知，吸附浓缩 + 脱附排气高温焚烧 / 催化燃烧组合技术适用于大风量低浓度 VOCs 废气的治理；生物法适用于中等风量较低浓度 VOCs 废气的治理；吸附法（更换活性炭）适用于小风量低浓度 VOCs 废气的治理；活性炭 / 活性炭纤维吸附溶剂回收适用于中大风量中低浓度 VOCs 废气的治理；催化燃烧、高温燃烧治理技术适用于中小风量中高浓度 VOCs 废气的治理；冷凝回收法适用于中低风量高浓度 VOCs 废气的治理。高浓度的 VOCs 废气一般都不能只靠单一的技术来进行治理，一般都是利用组合技术来进行一个有效的治理，如采用冷凝回收 + 活性炭纤维吸附回收技术等。

废气温度也是考虑的因素之一，吸附法要求气体温度一般低于 40℃，如果废气温度比较高时，吸附效果会显著降低，因此应该首先对废气进行降温处理或不采用此技术。燃烧法中当气体温度比较高，接近或达到催化剂的起燃温度时，由于不再需要对废气进行加热，即使有机物浓度较低，采用催化燃烧技术是最为经济的（当废气温度达到或超过催化剂的起燃温度时，可以采用直接催化燃烧技术进行治理，如漆包线生产尾气的治理等）。

废气的湿度对某些技术的治理效果的影响非常大，如吸附回收技术，活性炭、沸石和活性炭纤维在高湿度条件下（如高于 70%）对有机物的吸附效果会明显降低，因此应该首先对废气进行除湿处理或不采用此技术。

二、治理设施运行维护

（1）VOCs 治理设施应在生产设施启动前开机，在治理设施达到正常运行状态之前不得开启生产设施；治理设施在生产设施运营全过程（包括启动、停车、维护等）应保持正常运行，在生产设施停车后且将生产设施或自身存积的气态污染物全部进行净化处理后才可停机。

（2）企业应明确 VOCs 治理设施关键固定参数设计值和正常运行时操作参数指标范围限值，通过检查这类指标是否正常且稳定，用以判断设施是否正常运行。

（3）定期检查 VOCs 治理设施状况，包括设备运行效果、技术参数指标、设备管道安全、设备壳体、内部、零部件、仪表、阀门、风机等方面。

可采用感官判断（目视、鼻嗅、耳闻），现场仪表指示值读取和信息资料收集，量具和便携式检测仪现场测量，现场采样实验室分析等方法。具体检查内容见表 3-2。

表 3-2　VOCs 处理设施检查内容

设备和设施	检查内容	检查要点	相关说明
通用内容	治理效率	设备进出口浓度	判断设备运行是否正常、是否达到设计要求、是否达标排放
	污染物排放	设施周边气味状况	气味大，说明密闭性差
		旁路偷排情况	可能出现进出口风量（标准状态下）不一致、气味大等情况
		二次污染物情况	燃烧等技术容易造成氮氧化物、二氧化硫等二次污染；吸收塔、洗涤塔等设备会产生废水
		排气筒排气情况	根据设备运行情况，排气筒排气是否有颜色、携带液滴和颗粒物等判断，且颜色越深、携带量越大，处理效果越差

设备和设施	检查内容	检查要点	相关说明
通用内容	设备壳体、内部、零部件、仪表、阀门、风机等	排风调节阀开启位置	根据阀体位置变动情况判断；阀体位置不固定或无规则变动，处理风量波动大
		风机、泵、阀门运行情况	风机有无异常声音、震动，叶轮是否锈蚀、磨损、物料粘附，风机转向是否逆反，电机及轴承座的温度是否正常； 泵体有无漏液、流量和扬程是否正常；阀门有无泄漏
		风机、阀门保养情况	风机、阀门是否及时加注机油
		仪表是否正常	仪表是否故障，设备自控设计是否失效； 压力计、温度计、流量计、pH 计是否故障，是否定期校准
		设备连接/密封处缝隙状况	设备是否存在可见缝隙、是否存在漏风情况
		设备壳体、管道、法兰或内部异常情况	设备壳体、管道、法兰或内部情况是否发生变形、脱落、损坏、锈蚀、结垢； 可能导致逸散严重，净化效果差等问题，活性炭蒸汽脱附凝结液、溶剂回收液、含酸根的燃烧产物均可具腐蚀性，对设备本体或下游管道、部件造成锈蚀
		螺栓紧固件异常情况	螺栓紧固件有无松动、腐蚀、变形
		防腐内衬异常情况	防腐内衬有无针孔、裂纹、鼓泡和剥离
		绝热材料异常情况	绝热材料有无变形、脱落
		隔振 / 隔声材料异常情况	隔振 / 隔声材料有无变形、脱落
		设备及管道内杂质沉积	有无粉尘等物质沉积，沉积物过多，说明日常清理维护少，可能影响设备正常运行

设备和设施	检查内容	检查要点	相关说明
通用内容	设备管道安全	爆炸下限	有机废气入口浓度必须远低于爆炸下限（一般低于爆炸下限的 25%）
		非电气设备防爆	应对设备及零部件进行危险分析，形成评价报告，需特别注意由设备形成的潜在点燃源，如热表面、静电放电、粉尘自燃等，防止爆炸
		设备防护及标识	护栏等是否锈蚀；是否设置气流走向、阀门开关方向、电源开关等标识； 是否按要求设置警示牌或警示标识； 是否设置排放口标志牌； 是否有详细的设备操作规范； 燃烧设备表面温度是否低于 60℃
	设备所处环境	设备区域所处环境条件	是否积水，长时间积水可能导致潮气腐蚀设备；环境温度是否过高，影响设备正常运行等
布袋除尘器、滤筒除尘器和其他干式过滤器	粉尘收集量	粉尘收集量	粉尘收集量是否正常，生成量小，过滤效果差
	操作参数是否正常、稳定	系统压差	压差过大，可能存在堵塞等问题； 压差小或为 0，可能存在过滤棉破损等问题
	耗材更换周期及更换量是否及时、且满足要求	过滤材料更换周期	更换周期长，过滤器堵塞或者破损，导致过滤效果差
湿式过滤器：水帘柜	设备内部、零部件情况	藻类、青苔生长情况	藻类、青苔生长可能造成水泵、过滤器和布水器堵塞
		布水均匀性状况	布水差，可能存在局部堵塞、水压不足或水幕板有油脂等问题，净化效果差
	操作参数是否正常、稳定	水槽水位高度	是否保持稳定且在正常范围内，低于下限应及时补水，但不能高于上限
湿式过滤器：喷淋塔	设备内部、零部件情况	布水均匀性状况	布水差，可能存在局部堵塞、水压不足等问题，净化效果差

设备和设施	检查内容	检查要点	相关说明
湿式过滤器：喷淋塔	操作参数是否正常、稳定	水压	水压不稳定，除尘效果差
		压差	压差过大，可能存在堵塞等问题； 压差小或为 0，可能存在短路现象
		液气比	液气比过大，浪费吸收剂；比值过小影响净化效率
静电除油	设备内部、零部件情况	电极板	油污沉积，降低处理效果，甚至引起火灾
	操作参数是否正常、稳定	温度	温度过高容易导致起火
		绝缘电阻	绝缘电阻过低，绝缘性能下降，高频高压放电产生火花，易发生火灾
吸附床	设备内部、零部件情况	吸附床堵塞情况/短路	吸附床堵塞或短路，吸附效率降低
		吸附床内部情况	吸附床内部是否积水、积尘、底座破损； 吸附材料表面是否覆盖粉尘或漆雾
		转轮驱动马达	是否发生异常的发热、噪声、震动、漏油等情况
		转轮驱动链	开裂、摩擦等现象可能会导致运转突然中断
	固定参数是否符合要求	吸附床装填高/厚度	高/厚度缺落，吸附效果差
	操作参数是否正常、稳定	吸附温度和湿度	活性炭、活性炭纤维和分子筛等一般在 40℃以下吸附效果好，湿度不高于 70%；温度高、湿度大，吸附效果差
		吸附周期	吸附周期较设计值长，吸附效果变差
		停留时间	吸附停留时间应满足设计要求
		吸附流程压差	流程压差低或为 0，可能存在吸附床短路等问题； 流程压差非常大，可能存在局部堵塞等问题
		脱附周期	脱附周期（脱附时间）较设计值短，脱附效果差，吸附容量少
		蒸汽/真空脱附压力和温度	蒸汽压力和温度低，脱附效果差，后续吸附容量少； 真空度低，脱附效果差，后续吸附容量少

设备和设施	检查内容	检查要点	相关说明
吸附床	操作参数是否正常、稳定	热气体脱附温度	脱附温度低，脱附率低，吸附容量少，但温度过高（热空气流脱附时活性炭超过 120℃，分子筛超过 200℃）存在安全隐患； 转轮 / 转筒吸附器脱附温度高，相邻吸附区受热，吸附容量少
		脱附流程压差	脱附流程压差低，脱附风量小，脱附率低，吸附容量少
		转轮浓缩比	浓缩比是指吸附区和脱附区风量比，一般为 5 ～ 30。降低浓缩倍率可以增大转轮处理效率，但由此导致的脱附风量增大会使得后续燃烧时燃料的消耗量增大
		转轮 / 转筒吸附床转速	转速过低，吸附周期长，吸附效果差； 转速过高，脱附周期短，脱附率低，吸附容量少； 转速一般为 2 ～ 6r/h
	吸附剂更换周期及更换量	吸附剂更换时间、更换量	更换时间较设计吸附周期延后，吸附效果变差或失效； 更换量少于设计填充量，实际吸附周期会短于设计吸附周期
	有机溶剂回收量	溶剂回收量	回收量变少，吸附、冷凝、分离性能变差
（蓄热）催化氧化	设备内部、零部件情况	点火器	燃气喷头堵住，影响正常打火
	设备内部、零部件情况	陶瓷蓄热体形态	陶瓷蓄热体破碎，热回收效率低
	操作参数是否正常、稳定	催化（床）温度	催化温度达不到设计温度，催化效果差。一般在 300 ～ 500℃
		催化床温升	催化床温升小，可能由于催化活性低或污染物进口浓度低所致
		催化床出口温度	催化床出口温度过高，可能导致催化剂受损
		停留时间	一般不少于 0.75 s，停留时间过短，燃烧不充分
		催化床流程压差	流程压差小或为 0，可能存在短路现象 流程压差大，可能存在催化床局部堵塞等问题，一般压差低于 2 kPa
		排放管道风速	排放管道风速宜大于 5 m/s，以免发生回火危险

设备和设施	检查内容	检查要点	相关说明
（蓄热）催化氧化	操作参数是否正常、稳定	浓度、风量、温度	浓度、风量、温度变化较大，净化效果差
		燃气压力	燃气压力是否正常
	操作参数是否正常、稳定	蓄热室截面风速	一般不宜大于 **2** m/s
		蓄热燃烧装置进出口温差	蓄热燃烧装置进出口温差不宜大于 **60**℃
（蓄热）直接燃烧	设备内部、零部件情况	点火器	燃气喷头堵塞，影响正常打火
		陶瓷蓄热体形态	陶瓷蓄热体破碎，热回收效率低
		二床式蓄热床切换尾气控制状况	若未设置缓冲室，切换时可能出现瞬时超浓度排放
		设备防腐性能	废气中含 Cl、S 元素，燃烧后废气具备一定腐蚀性，应配备防腐内衬或采用抗腐蚀材料
	操作参数是否正常、稳定	（炉膛）燃烧温度	燃烧温度达不到设计温度（一般可达 **750**℃），净化效果差； 燃烧温度过高，应急排放阀可能开启； 燃烧温度超过 **1 000**℃，可能会产生 NO_x
		浓度、风量、温度	浓度、风量、温度变化较大，净化效果差
		燃烧室停留时间	停留时间过短，燃烧不充分，通常为 **0.5** ～ **1**s
		燃气压力	燃气压力是否正常
		蓄热床流程压差	流程压差小或为 **0**，可能存在短路现象； 流程压差偏大，可能存在蓄热体堵塞等问题
		蓄热室截面风速	一般不宜大于 **2** m/s
		蓄热燃烧装置进出口温差	蓄热燃烧装置进出口温差不宜大于 **60**℃，温差过大说明换热效果差
冷却器/冷凝器	处理效果	不凝性气体收集净化情况	收集净化情况差，说明污染排放多
	设备内部、零部件情况	蒸发型冷却器的喷嘴雾化状况	喷嘴雾化效果差，则冷却效果差
		开式冷却系统的冷却水混浊度	冷却水水质越混浊，冷却效果越差
		设备内外壁	是否有水垢积聚等现象，特别是壳管式冷凝器

设备和设施	检查内容	检查要点	相关说明
冷却器 / 冷凝器	操作参数是否正常、稳定	出口温度	出口温度高，冷却 / 冷凝效果差
		冷却介质流量和压力	冷却介质流量低、压力低，则冷却 / 冷凝效果差
		出口温度与冷却介质进口温度的差值	差值越小，说明冷却 / 冷凝效果越差
	有机溶剂回收量	冷凝器溶剂回收量	回收量变少，冷凝效果变差； 回收量变化率大，设施运行不稳定
洗涤器 / 吸收塔	设备内部、零部件情况	喷嘴雾化和布水均匀性状况	雾化及布水差，可能存在局部堵塞或水压不足等问题，净化效果差
		设备内藻类、青苔生长情况	造成堵塞，影响净化效率
		填料结垢	可能是化学反应产生沉淀 / 结晶，导致流量不正常或压降升高，影响净化效果
		加药装置堵塞情况	导致管路压降增大，影响投药量的控制
		循环水箱堵塞情况	循环水管路压降较大，说明水槽中沉积结垢等问题严重
	关键材料	吸收剂是否适合	对污染物溶解度大； 低粘度； 饱和蒸汽压低、挥发性小； 低熔点、高沸点、无毒、无害、不易燃； 价格便宜，对设备无腐蚀
	固定参数是否符合要求	填料高度	填料高度较设计值过低，净化效果差
		填料截面积	—
		填料比表面积	填料的比表面积越大，液气接触面积越大，气液分布越均匀，表面的润湿性能越好，净化效果越好，一般要求比表面积大于 $90m^2/m^3$
	操作参数是否正常、稳定	填料床流程压差	流程压差小或为 0，可能存在短路现象； 流程压差大，可能存在填料局部堵塞等问题，净化效果差
		氧化还原电位（ORP）值	氧化反应类吸收塔，ORP 值过低或过高，影响化学反应条件，吸收净化率低； ORP 值不稳定同样影响吸收净化率，以标准差大小判断 ORP 值变化情况，标准差越小，则 ORP 值变化率越小

设备和设施	检查内容	检查要点	相关说明
洗涤器 / 吸收塔	操作参数是否正常、稳定	pH	酸碱性控制类吸收塔，pH 变化，化学反应条件变差，净化效果变差，以标准差大小判断 pH 变化情况，标准差越小，则 pH 变化率越小
		空塔气速	填料塔空塔气速一般为 0.5 ～ 1.2 m/s，筛板塔通常为 1 ～ 3.5 m/s，湍球塔为 1.5 ～ 6 m/s，鼓泡塔为 0.2 ～ 3.5 m/s，喷淋塔为 0.5 ～ 2 m/s； 高的空塔气速会造成严重的雾沫夹带，这将给除雾器增加负担，也有超标的危险
		空塔停留时间	一般要求大于 0.5 s，停留时间过短，净化效果差
		液气比	液气比过大，浪费吸收剂；比值过小影响吸收效率 实际操作液气比为最小液气比的 1.1 ～ 1.5 倍
		进口温度	进口温度过高，吸收效率降低
		循环液箱水位	水位波动幅度偏大，则净化效果差
		循环水量	循环水量是指设备内部流过填料的洗涤水体积流量，循环水量较小，净化效率差
	药剂更换周期及更换量	药剂添加周期和添加量	药剂添加延迟或添加量少，导致化学反应条件变差，净化效果变差
		洗涤 / 吸收液更换周期和更换量	更换时间延长或更换量少，导致化学反应条件变差，净化效率变差
生物滤池	设备内部、零部件情况	预洗池喷头、生物滤池喷头	是否堵塞，影响正常注水
		过滤器	是否堵塞，影响设施正常运行
	固定参数是否符合要求	生物滤池高度	一般在 0.5 ～ 1.5 m，太高会增加气流的流动阻力，太低会增加沟流现象，影响处理效果
	操作参数是否正常、稳定	填料床流程压差	流程压差小或为 0，可能存在短路现象； 流程压差大，可能存在填料局部堵塞等问题，净化效果差
		填料温度	一般嗜温型微生物的最适宜生长温度为 25～43℃
		湿度	微生物比较适宜的生长湿度为 40%~60%
		营养物质	一般 BOD：N ：P 的比例为 100 ：5 ：1
		pH	大多数微生物对 pH 的适应范围为 4～10；含 S、Cl、N 的污染物通常会使 pH 降低，因此需及时缓冲变动

设备和设施	检查内容	检查要点	相关说明
生物滤池	循环水、滤料更换周期及更换量	循环喷淋水是否及时更换	是否定期更换，当 pH 过低或过高时，需彻底更换
		滤料是否及时更换	滤料使用时间过长（2 ～ 3 年），容易因所含养分减少，产生结块、破碎等老化现象，或因处理含 S、Cl、N 的污染物而导致酸化，在调节 pH 和增加营养物质无效时，应及时翻堆或更换滤料

（4）根据检查结果适时开展治理设施维护保养，维护保养工作不宜在运行期间进行，包括但不限于：及时更换失效的净化材料，尽快修复密封点的泄漏以及损坏部件，按期更换润滑油及易耗件，定期清理设备和设施内的粘附物和存积物并对外表面进行养护。

三、治理设施台账记录

VOCs 设施运行管理信息、非正常工况信息、日常检修维护记录信息应予以保存，并符合 HJ 944—2018 第 4 条及所属行业排污许可证申请及核发技术规范中规定的环境管理台账要求。

（一）设施运行管理信息

设施运行管理信息主要包括设备运行时间、设备运行参数、耗材或药剂、危险废物、溶剂回收、能源消耗等方面内容，具体见表 3-3。

表 3-3　设施运行管理记录信息

主要内容	记录要点
设备运行时间	设备启动时间
	设备停止时间
运行参数	风量
	进出口温度
	停留时间
	预处理系统压降
	系统压降
	进出口浓度
	污染物排放速率
	治理效率
	风机转速
	其他

主要内容	记录要点
耗材或药剂（过滤材料、吸附剂、吸收剂、催化剂、蓄热体、填充材料、循环水等）	名称
	采购量
	使用量
	填装量
	更换量及更换周期
危险废物	名称
	产生量
	去向
有机溶剂	名称
	回收量
能源消耗	电、天然气、其他能源

除风量、出口温度、系统压降、进出口浓度、污染物排放量、治理效率等参数外，不同治理技术有特征运行参数见表 3-4。

表 3-4　主流治理技术特征运行参数

治理技术	特征运行参数
吸附技术	吸附周期、温度、湿度、风量
	脱附周期、温度、湿度、风量
	吸附床装填高 / 厚度
	转轮浓缩比
	转轮 / 桶型吸附床转速
燃烧技术	燃烧温度
	燃烧床温升
	热回收效率
	蓄热燃烧装置进出口温差

治理技术	特征运行参数
冷凝技术	冷却介质流量和压力
	出口温度与冷却介质进口温度的差值
吸收技术	液气比
	pH（酸碱性控制类吸收塔）
	氧化还原电位（ORP）值（氧化反应类吸收塔）
	循环水量
	循环液箱水位
	循环水管路压降
生物技术	填料温度
	湿度
	营养物质
	pH

（二）非正常工况信息

非正常工况及异常情况记录应包括设备异常起止时间、污染物排放情况、事件原因、处理、维修、整改情况等方面内容，具体信息见表 3-5。

表 3-5　非正常工况及异常情况记录信息

序号	主要内容	具体指标
1	设备异常起止时间	异常开始时刻
2		异常停止时刻
3	污染物排放情况	污染物名称
4		排放浓度
5		排放量
6	事件原因	—
7	是否向当地生态环境主管部门报告	—
8	处理、维修、整改情况	—

（三）日常维护信息

日常检修维护记录包括维护时如更换失效的耗材（吸附材料、催化材料、填充材料等）、仪表（pH 计、压力计等）校准、修复密封点的泄漏以及损坏部件、更换易耗件、更换润滑油、保养风机、阀门和仪表、清理设备和设施内的粘附物和存积物等信息的记录，还包括设备检验、评价及评估情况。

第 4 部分

重点行业 VOCs 排放监测技术指南

一、监测内容、指标、频次

（一）监测内容

首先，应综合考虑国家、地方生态环境管理的有关要求，确定监测内容。

排污单位VOCs监测内容，应包括：（1）有组织排放监测；（2）无组织排放监测（如有要求）；（3）治理设施VOCs去除效率监测（如有要求）；（4）周边环境质量及敏感点的影响监测（如有要求）等。

国家、地方生态环境管理的有关要求，主要包括：

（1）排污单位的环评及批复。

（2）污染物排放（控制）标准：应既包括国家标准，也包括地方标准；优先考虑行业排放（控制）标准，地方也可根据环境质量改善目标考虑其他有关管理规定；控制的要素、指标不重合的，合并执行；控制的指标重复的，限值从严执行。

（3）排污许可证申请与核发总则、分行业的技术规范。

（4）排污单位自行监测总则、分行业的技术指南。

（5）污染防治工作方案（包括国家的、地方的）。

（6）攻坚行动方案（包括国家的、地方的）等。

（二）监测指标

根据第（一）部分确定的监测内容，明确各个要素的监测点位、监测指标、监测方式、监测频次、监测方法等。

（三）监测频次

1. 排污单位自行监测的频次

应依据排污许可证申请与核发技术规范、排污单位自行监测技术指南的点位、指标及频次要求，确定各指标的监测方式和频次。

无行业排污许可证申请与核发技术规范，也无行业排污单位自行监测技术指南的，执行《排污许可证申请与核发技术规范　总则》(HJ 942—2018)、《排污单位自行监测技术指南　总则》（HJ 819—2017）的频次要求。

2. 监督帮扶抽查监测的频次

使用手持式 PID、手持式 FID 等监测仪器，进行排污单位生产排放的快速筛查监测时，仪器正常工作条件下进行即时采样，以此监测结果作为监测频次。

使用国家或地方的监测标准方法进行监督监测或执法监测时，应根据排放标准的要求进行即时采样，或按监测标准规范的要求进行污染物的小时均值排放浓度监测（1h 内等时间监测采集 3 ～ 4 个样品获得污染物浓度的小时均值，或 1h 内连续采样）。

二、排污口规范化设置要求

（一）排污口规范化设置的通用要求

排污单位应当按照《排污口规范化整治技术要求》（环监〔1996〕470号）的有关要求对排污口进行立标、建档管理，按照《固定污染源排气中颗粒物测定与气态污染物采样方法》（GB/T 16157—1996）等监测标准规范的具体要求进行排污口的规范化设置。设置规范化的排污口，应包括监测平台、监测开孔、通往监测平台的通道（应设置1.1 m高的安全防护栏）、固定的永久性电源等。

排污的规范化设置，应综合考虑自动监测与手动监测的要求。当既有国家标准又有地方标准时，应从严执行。

对于治理设施的VOCs去除效率监测，应在处理设施的废气进出口，分别设置采样位置、采样孔、采样平台等监测条件。其中，为了保证烟气流速、烟气浓度、颗粒物等指标监测结果的代表性、准确性，要特别注意采样位置的规范性。

比较规范的采样位置设置示例见图4-1。

图4-1　比较规范的采样位置设置示例

排污口的规范化设置，目前国家的主要技术标准如下：

（1）《固定污染源排气中颗粒物测定与气态污染物采样方法》（GB/T 16157—1996）；

（2）《固定源废气监测技术规范》（HJ/T 397—2007）；

（3）《固定污染源废气 低浓度颗粒物的测定 重量法》（HJ 836—2017）；

（4）《固定污染源烟气（SO_2、NO_x、颗粒物）排放连续监测技术规范》（HJ 75—2017）；

（5）《排污口规范化整治技术要求》（试行）（环监〔1996〕470 号）。

（二）采样位置要求

（1）排污口应避开对测试人员操作有危险的场所（周围环境也要安全）。

（2）排污口采样断面的气流流速应在 5 m/s 以上。

（3）排污口的位置，应优选垂直管段，次选水平管段，且要避开烟道弯头和断面急剧变化部位。

（4）排污口的具体位置，应尽量保证烟气流速、颗粒物浓度监测结果的准确性、代表性，根据实际情况按《固定污染源排气中颗粒物测定与气态污染物采样方法》（GB/T 16157—1996）、《固定污染源烟气（SO_2、NO_x、颗粒物）排放连续监测技术规范》（HJ 75—2017）、《固定源废气监测技术规范》（HJ/T 397—2007）从严到松的顺序依次选定。①最优：距弯头、阀门、风机等变径处，其下游方向要不小于 6 倍直径，其上游方向要不小于 3 倍直径 [《固定污染源排气中颗粒物测定与气态污染物采样方法》（GB/T 16157—1996）]；②其次：距弯头、阀门、风机等变径处，其下游方向要不小于 4 倍直径，其上游方向要不小于 2 倍直径 [《固定污染源烟气（SO_2、NO_x、颗粒物）排放连续监测技术规范》（HJ 75—2017）]；③最后，距弯头、阀门、风机等变径处，其下游、上游方向均要不小于 1.5 倍直径，并应适当增加测点的数量和采样频次 [《固定源废气监测技术规范》（HJ/T 397—2007）]。

（三）采样平台要求

（1）安全要求：应设置不低于 1.2 m 高的安全防护栏；承重能力应不低于 200 kg/m^2；应设置不低于 10 cm 高度的脚部挡板。

（2）尺寸要求：面积应不小于 1.5 m^2，长度应不小于 2 m，宽度应不小于 2 m 或采样枪长度外延 1 m。

（3）辅助条件要求：设有永久性固定电源，具备 220 V 三孔插座。

（四）采样平台通道要求

（1）采样平台通道，应设置不低于 1.2 m 高的安全防护栏；宽度应不小于 0.9 m。

（2）通道的形式要求：禁设直爬梯；采样平台设置在离地高度≥ 2 m 时，应设斜梯、之字梯、螺旋梯、升降梯 / 电梯；采样平台离地面高度≥ 20 m 时，设置升降梯。

（五）采样孔要求

（1）手工采样孔的位置，应在 CEMS 的下游；且在不影响 CEMS 测量的前提下，应尽量靠近 CEMS。

（2）采样孔的内径：对现有污染源，应不小于 80 mm；对新建或改建污染源，应不小于 90 mm；对于需监测低浓度颗粒物的排放源，检测孔内径宜开到 120 mm。

（3）采样孔的管长：应不大于 50 mm。

（4）采样孔的高度：距平台面为 1.2 ～1.3 m。

（5）采样孔的密封形式：可根据实际情况，选择盖板封闭、管堵封闭或管帽封闭。

（6）采样孔的密封要求：非采样状态下，采样孔应始终保持密闭良好。在采样过程中，可采用毛巾、破衣、破布等方式将采样孔堵严密封。

规范化的排污口示例见图 4-2。

图 4-2　规范化的排污口示例

三、监测要求

（一）手工监测要求

开展手工监测时，监测人员应当按照国家环境监测技术规范的要求，做好仪器的维护校准、试剂材料的准备等，规范实施监测活动，并做好相应记录。

地方生态环境主管部门已发布地方性监测技术标准的，排污单位或受托单位应遵守其规定。

在 VOCs 手工监测方面，有组织废气的监测主要执行固定污染源废气的监测方法标准，无组织废气的监测主要执行环境空气的监测方法标准。目前，国家的技术标准如下：

- 《空气质量　三甲胺的测定　气相色谱法》（GB/T 14676—1993）
- 《空气质量　硫化氢、甲硫醇、甲硫醚和二甲二硫的测定　气相色谱法》（GB/T 14678—1993）
- 《空气质量　甲醛的测定　乙酰丙酮分光光度法》（GB/T 15516—1995）
- 《固定污染源排气中颗粒物测定与气态污染物采样方法》（GB/T 16157—1996）
- 《环境空气　苯系物的测定　固体吸附 / 热脱附-气相色谱法》（HJ 583—2010）
- 《环境空气　苯系物的测定　活性炭吸附 / 二硫化碳解析-气相色谱法》（HJ 584—2010）
- 《环境空气　总烃、甲烷和非甲烷总烃的测定　直接进样—气相色谱法》（HJ 604—2017）
- 《环境空气　酚类化合物的测定　高效液相色谱法》（HJ 638—2012）
- 《环境空气　挥发性有机物的测定　吸附管采样-热脱附 / 气相色谱-质谱法》（HJ 644—2013）

•《环境空气　挥发性卤代烃的测定　活性炭吸附-二硫化碳解吸 / 气相色谱法》（HJ 645—2013）

•《空气　醛、酮类化合物的测定　高效液相色谱法》（HJ 683—2014）

•《固定污染源废气　挥发性有机物的采样　气袋法》（HJ 732—2014）

•《固定污染源废气　挥发性有机物的测定　固相吸附-热脱附 / 气相色谱-质谱法》（HJ 734—2014）

•《环境空气　挥发性有机物的测定　罐采样 / 气相色谱-质谱法》（HJ 759—2015）

•《固定污染源排气中酚类化合物的测定　4-氨基安替比林分光光度法》（HJ/T 32—1999）

•《固定污染源排气中甲醇的测定　气相色谱法》（HJ/T 33—1999）

•《固定污染源排气中氯乙烯的测定　气相色谱法》（HJ/T 34—1999）

•《固定污染源排气中乙醛的测定　气相色谱法》（HJ/T 35—1999）

•《固定污染源排气中丙烯醛的测定　气相色谱法》（HJ/T 36—1999）

•《固定污染源排气中丙烯腈的测定　气相色谱法》（HJ/T 37—1999）

•《固定污染源废气总烃、甲烷和非甲烷总烃的测定　气相色谱法》（HJ 38—2017）

•《固定污染源排气中氯苯类的测定　气相色谱法》（HJ/T 39—1999）

•《大气污染物无组织排放监测技术导则》（HJ/T 55—2000）

•《固定污染源监测质量保证与质量控制技术规范（试行）》（HJ/T 373—2007）

•《固定源废气监测技术规范》（HJ/T 397—2007）

（二）自动监测要求

1. 自动监测的安装等管理要求

对重点排污单位，应按照大气污染防治法、排污许可证申请与核发技术规范、排污单位自行监测技术指南的要求，安装运行自动监测设备。

在 VOCs 自动监测方面，排污单位应按照国家的技术标准要求，开展监测站房的建设、自动监测设备的安装、验收、运行维护、数据记录与审核等工作。

地方生态环境管理部门已发布地方性监测技术标准的，排污单位应遵守其规定。

在 VOCs 自动监测方面，目前国家的技术标准如下：

（1）《固定污染源烟气（SO_2、NO_x、颗粒物）排放连续监测技术规范》（HJ 75—2017）；

（2）《固定污染源废气中非甲烷总烃排放连续监测技术指南》（试行）。

2. 自动监测的关键技术要求

（1）按国家、地方的监测技术规范要求，做好设备的运行维护及记录；现场帮扶时，重点关注仪器运行是否正常、是否能正常显示和传输监测数据、历史数据是否存在超标情况，以及排污单位是否对生产设施、治理设施进行了排查和解决问题。

（2）样品传输管线应具备稳定、均匀加热和保温的功能，其加热温度应符合有关规定（一般应保证在 120℃以上），加热温度值应能够在机柜或系统软件中显示查询。

（3）至少每月检查一次燃烧气连接管路的气密性，NMHC-CEMS 的过滤器、采样管路的结灰情况，若发现数据异常应及时维护。

（4）使用催化氧化装置的 NMHC-CEMS，每年用丙烷标气检验一次转化效率，保证丙烷转化效率在 90% 以上，否则需更换催化氧化装置。

（5）至少每半年检查一次零气发生器中的活性炭和一氧化氮氧化剂，根据使用情况进行更换。

（6）对于使用氢气钢瓶的，每周巡检钢瓶气的压力并记录，有条件的应做到“一用一备”；对于使用氢气发生器的，应按其说明书规定，定期检查氢气压力、氢气发生器电解液等，根据使用情况及时更换，定期添加纯净水。

四、监测记录

（一）手工监测的记录要求

不论是排污单位自承担监测，还是委托第三方开展监测，监测方均应做好监测记录并保存。监测记录主要包括采样记录、分析记录、质控记录、监测报告、工况记录。对排污单位自承担的监测，监测记录应可以随时调阅。对委托第三方监测的，排污单位处至少可调阅监测报告，检测机构处可调阅监测记录，鼓励排污单位留存监测记录复印件。

对监测报告，重点应包含监测日期、监测点位、监测指标、监测结果、排放限值、是否达标等必要的关键信息。

监测记录及报告，应遵守检测单位计量认证体系文件的内容、格式要求。

（二）自动监测的记录要求

对于自动监测，应参照《固定污染源烟气（SO_2、NO_x、颗粒物）排放连续监测技术规范》（HJ 75—2017）的要求，应做好设备调试检测记录、自主验收档案记录、日常运维记录。

其中，自动监测的日常运维记录，应包括日常巡检记录、日常维护保养记录（设备维修维护、故障分析及排除、标气更换等）、定期校准记录、定期校验记录。

典型的运维记录示例见表 4-1。

表 4-1　VOCs-CEMS 零点 / 量程漂移与校准记录表

企业名称：　　　　　　　　　　　　　安装位置：

VOCs-CEMS设备生产商		VOCs-CEMS设备规格型号		校准日期	
站点名称		维护管理单位			

VOCs（以非甲烷总烃计）分析仪校准：

分析仪原理			分析仪量程		计量单位	
零点漂移校准	零气浓度值	上次校准后测试值	校前测试值	零点漂移%F.S.	仪器校准是否正常	校准后测试值
量程漂移校准	标气浓度值	上次校准后测试值	校前测试值	量程漂移%F.S.	仪器校准是否正常	校准后测试值

苯分析仪校准：

分析仪原理			分析仪量程		计量单位	
零点漂移校准	零气浓度值	上次校准后测试值	校前测试值	零点漂移%F.S.	仪器校准是否正常	校准后测试值
量程漂移校准	标气浓度值	上次校准后测试值	校前测试值	量程漂移%F.S.	仪器校准是否正常	校准后测试值

甲苯分析仪校准：

分析仪原理			分析仪量程		计量单位	
零点漂移校准	零气浓度值	上次校准后测试值	校前测试值	零点漂移%F.S.	仪器校准是否正常	校准后测试值
量程漂移校准	标气浓度值	上次校准后测试值	校前测试值	量程漂移%F.S.	仪器校准是否正常	校准后测试值

二甲苯分析仪校准：

分析仪原理			分析仪量程		计量单位	
零点漂移校准	零气浓度值	上次校准后测试值	校前测试值	零点漂移%F.S.	仪器校准是否正常	校准后测试值
量程漂移校准	标气浓度值	上次校准后测试值	校前测试值	量程漂移%F.S.	仪器校准是否正常	校准后测试值

O_2分析仪校准：

分析仪原理			分析仪量程		计量单位	
零点漂移校准	零气浓度值	上次校准后测试值	校前测试值	零点漂移%F.S.	仪器校准是否正常	校准后测试值
量程漂移校准	标气浓度值	上次校准后测试值	校前测试值	量程漂移%F.S.	仪器校准是否正常	校准后测试值

流速分析仪校准：

分析仪原理			分析仪量程		计量单位	
零点漂移校准	零点值	上次校准后测试值	校前测试值	零点漂移%F.S.	仪器校准是否正常	校准后测试值

湿度分析仪校准：

分析仪原理			分析仪量程		计量单位	
零点漂移校准	零点值	上次校准后测试值	校前测试值	零点漂移%F.S.	仪器校准是否正常	校准后测试值

运维人员：＿＿＿＿＿＿＿＿　　　　　　企业相关责任人：＿＿＿＿＿＿＿＿

校准开始时间＿＿＿＿点＿＿＿＿分　　　　校准结束时间：＿＿＿＿点＿＿＿＿分